水資源・環境学会『環境問題の現場を歩く』シリーズ ❺

京都・鴨川と別子銅山を歩く

鈴木康久・大滝裕一・高橋卓也［著］

成文堂

はしがき

　「環境問題の現場を歩く」ブックレットシリーズ No. 5として、京都・鴨川（三条大橋―五条大橋）と別子銅山を取り上げる。

　内外を問わず観光客の旅行動機として、「遺産詣で」を挙げることができるかもしれない。考えてみると、世界遺産、無形文化遺産、土木遺産、産業遺産、農業遺産、鉄道遺産など、枚挙に遑なしである。そして、かかる観光地化する遺産の多くには、マニアの存在も欠かせない。歴史マニアや鉄道マニアを筆頭に、ダムマニア、マンホールマニア、橋梁マニアなど、これまた枚挙に遑なしである。

　本書で、まずは世界文化遺産の宝庫・京都の中心を流れる鴨川を、三条大橋から五条大橋にかけて案内してくれるのは、京都府庁で河川土木行政等に携わってこられた、鈴木康久氏と大滝裕一氏である。現在、鈴木氏は京都産業大学教授として、大滝氏は㈱東京建設コンサルタント関西本社京都事務所専任技師長としてご活躍であるが、共著で京都の水に関わる書籍を複数刊行するなど、文字通り水魚の交わりの仲である。さらに、両氏ともに、2001年9月に、京都の水が好きな人によって設立されたボランティア団体である「カッパ研究会」の世話人として、京都で育まれた「水にかかわる伝承や食文化」を世界へ向けて発信する活動も精力的に行っておられる。京の水文化マニア代表ともいうべき両氏の鴨川水辺案内は、橋梁マニア、運河マニア、水門マニア、建築マニアはもとより、歴史や文学の専門家を唸らせ、さらには京の美食家も舌を巻くに違いない。

　つづいて、日本を代表する大企業体である住友グループの礎となった別子銅山を案内してくれるのは、長年にわたって森林政策の研究に従事し、森から河川の流域管理を眺めてきた、高橋卓也氏である。高橋氏は滋賀県立大学教授として、ゼミの学生とともに全国の山野を駆け巡るフィールドワークを得意とする。高橋氏は、別子銅山を舞台に繰り広げられた住友財閥の経営史を、自身の専門分野である林学や森林管理の観点から解き明かす。その過程

で、住友家の華麗なる閨閥、住友財閥を事実上指揮した伊庭貞剛や広瀬宰平などの経営陣の有能無比な発想力がちりばめられている。現在、別子銅山は閉山され、「マイントピア別子」というテーマパークとして観光地化されている。広大な銅山跡地には、工場、鉱業所、社宅、学校などの多くの産業遺構群が現存し、世界文化遺産への登録を目指す動きもある。やはり、ここもまたマニア垂涎の的であることは間違いない。

　本シリーズは、「読んだら行きたくなる」、「持って行きたくなる」ブックレットを目指している。本書へのご感想、読んでみたいスポットのご提案など、ぜひお寄せいただきたい。

　　　　水資源・環境学会『環境問題の現場を歩く』シリーズ刊行委員会

目　次

I

京都・鴨川（三条大橋―五条大橋）を歩く

鈴木康久・大滝裕一

はじめに

　千年古都・京都を代表する河川である「鴨川」。三条大橋や四条大橋を渡るときに、納涼床や鴨川の散策など水辺を楽しむ姿を見かける。三条大橋を渡る人々の属性を知りたくて、令和4（2022）年10月の平日と休日にゼミ生が三条大橋で目視調査（13時～16時）を行った。2日間の計6時間で2,484人が渡っており、その内の43.3％が20代以下であった（表1）。ゼミ生がグーグルフォームを使い、主に学生を対象に行ったアンケート（2022年、N＝97）では、有効回答の42人（47.2％）が三条大橋を知っている。47人（52.8％）が

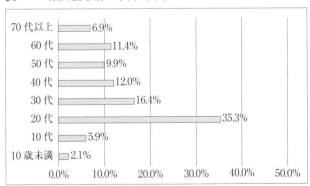

表1　三条大橋を渡る年代（鈴木ゼミ、目視調査）

（注　N＝2,484人、調査日　2022年10月15日、20日）

三条大橋を知らないとの回答があり、半数以上が三条大橋を意識していないことがわかった。鴨川の利用については、京都府が平成27（2015）年に実施した「鴨川利用実態調査」が参考になる。調査結果から年間約268万人が散歩（60.9％）や休憩・気分転換（39.8％）、サイクリング・ジョギング・ウォーキング（29.5％）などを楽しんでいる[1]。このように多くの方々が目にし、利用する鴨川ではあるが、歴史的に意義深い三条大橋の認知度調査から推測すると、鴨川の歴史についての認識は必ずしも高いとはいえない。この関心度の低さが課題だと考えている。

　三条大橋や四条大橋などを利用する人々、川沿いを散歩する人々が、納涼床や桜並木が整備された理由を知れば、鴨川が違う価値を持つのではないだろうか。そのためになすべき事の一つは、河川の持つ文化的な価値を知ってもらい、暮らしと共にある河川を後世へと伝えることではないだろうか。そんな想いで、本書では鴨川の左岸（下流を見て左側）を三条大橋から下流へと下り、五条大橋から鴨川の右岸（下流を見て右側）を上流へ上がり、この間に建てられている石碑・モニュメント（表2・図8）などが語る物語を紹介することとした。

1．鴨川左岸を三条大橋から四条大橋へ歩く

⑴　豊臣秀吉が架設した「三条大橋」

　鴨川の橋といえば、歌川広重（1797-1858）が東海道五十三次で描いた「京師（三条大橋）」をイメージする方が多いのではないだろうか。水辺探訪は、豊臣秀吉（1537-98）（以下、秀吉）の命により五奉行の一人である増田長盛（1545-1615）が天正18（1590）年に架設した三条大橋から始めてみたい。

　最初に注視するのは、桁隠しと一体となった美しい高欄である。広重の浮世絵（図1）と同様に丸太を使用した高欄が、青銅で造られた擬宝珠で飾られている。年号が刻まれる擬宝珠（写真1）としては日本最古級とされ、「洛陽三條 之橋至後 代化度往 還人盤石 之礎成地 五尋切石 之柱六十 三本蓋於 日域石柱 橋濫觴乎 天正十八年庚寅 正月日 豊臣初之 御代奉 増田右衛門尉 長盛造之」とある。12個の擬宝珠の中で下流側の左岸から2ヶ所目の擬

図1　東海道五十三次　西の起点　三条
　　　大橋（歌川広重「京師」）
（筆者所蔵）

写真1　天正十八年と刻まれた三条
　　　大橋の擬宝珠

宝珠には、明治45（1912）年から昭和25（1950）年までの沿革が刻まれており、他の擬宝珠とは異なる。他の11個は上記の文面ではあるが、刻まれた字体や「洛陽」を「雒陽」、「造之」を「造焉」などに違いが見られる。また、左岸上流端の擬宝珠には升本直一（人物不明）の氏名も刻まれている。これらの相違は、造られた時代が異なるためと推察する。

　京都大工頭であった中井家に伝わる『三条大橋模式図』を見ると、橋梁の構造も当時と変わりないことがわかる。18列の橋脚で橋体を支え、欄干は18個の擬宝珠で飾られている[2]。擬宝珠の数が少ない理由は橋長が短くなっているからである。表3で示すように、天正18年の架橋時に橋長が61間（約111m）（1間は1.82mで換算）であったのが、寛文7（1667）年の64間4尺（約118m）に伸びている。これは洪水等の関係で橋台の場所が変わったと推察される。その後、寛文新堤の整備に伴う改修で延宝7（1679）年の中井家文書では57間2尺（約104m）と、14mも短くなっている。明治に入り56間（約102m）と更に短くなり、京阪電車や鴨川運河（琵琶湖疏水）の整備、昭和10（1935）年の京都大水害などの関係から昭和25年の改修で現在の74mの橋梁となった。400年の間に鴨川の川幅が44mも狭くなっている。

　橋脚に使われている石柱も三条大橋の歴史を語ってくれる。この石柱は橋の北西角にあるモニュメントとしても使われている。石柱（写真2）は長さが10尺（約3m）、直径が2尺3寸（約70cm）で、「天正十七年津国御影　七月

**写真2　天正十七年と刻まれた
　　　　三条大橋の橋脚石柱の
　　　　モニュメント**

吉日」と刻まれている。現在、橋面を支える40本の橋脚（8列×5本）の内、8列の下流側の橋脚の7本が石柱である。この橋脚石柱について、郷土史家の田中緑紅（1891-1969）は『京の三名橋』で大正元（1912）年の改修で天正の石柱を全て取り替えたと記している[3]。

　三条大橋で話題になるのは、秀吉よりも前の時代に架設されていたか否かである。『京の橋ものがたり』（1994年）に「応永30（1423）年、三条河原に橋を架けたとき、公方の廷臣に橋料を課している」とあり[4]、『洛中洛外図屏風 歴博甲本』（国立民族学博物館所蔵）に描かれている簡易な橋と異なり、本格的な橋梁が1400年代に架橋されていたのかもしれない。秀吉以前の状況は公家の日記等を調べることで、より明確になるだろう。

　現在の三条大橋は擬宝珠で飾られた高欄が摩耗したことから、京都市が寄付を募り修復を行い、令和6（2024）年1月16日に竣工式を行った。美しくなった三条大橋の周辺では、幾つかの石碑・モニュメントを楽しむことができる。その代表が三条大橋の近くの待合せ場所で知られる高山彦九郎像（1747-93）である。昭和3（1928）年に鴨川運河の上に置かれた像は、金属類回収令により昭和19（1944）年に供出されたが、昭和36（1961）年に現在の場所付近に再建された。この移転には昭和10年の京都大水害が関係している。

⑵　東山鴨水の「花の回廊」整備
　鴨川は、平安初期には治水を担当する「防鴨河使」という官職が置かれ、院政期には白河法皇（1053-1129）が嘆いた「天下三不如意」の一つに数えられるなど、たびたび氾濫する暴れ川であった。

　昭和10年6月29日の梅雨前線による京都大水害は、京都市内で死傷者83名、浸水面積は市内の約3割に及ぶ未曾有の被害をもたらし、鴨川、高野川に架かる橋梁は、三条大橋や五条大橋をはじめ約8割の40橋が流出、破損した。

　京都大水害を受け、昭和10年11月に京都府が策定した『鴨川未曾有の大洪水と旧都復興計画』では「鴨川は京都の鴨川に非ず」と、その及ぼす影響の大きさから鴨川の根本的な改修は国家的な大事業であることが強調されている。改修計画では、治水計画だけに止まらず、交通や風致の観点から、京阪鉄道及び琵琶湖疏水の地下化が取り入れられた（図2）。河川改修は、昭和22（1947）年にかけて実施されたが、戦争の影響等により地下化は見送られた。

　その後、平成元（1989）年に、両者の地下化の工事が完成したことを契機として、暫定的な改修となっていた三条大橋から七条大橋間の改修のあり方について提言が出された。この提言を受け、平成4（1992）年から改修が始まり、平成11（1999）年に左岸の「花の回廊」（延長約2.3km）が完成した。

図2　完成予想図
京都府編『鴨川及高野川改修計畫竝に鴨川改修に附帯する
事業計畫』（1939年）より

6

写真3　五条大橋遺構（京都国立博物館
　　　　西の庭）

また、川端通の東側には、暗渠と
なった琵琶湖疏水の遺産を後世に
伝えるため、疏水の水を取り入れ
た「せせらぎの道」が設けられ
た。昭和10年から60余年の時を経
て、改修計画が完結したことにな
る。

「花の回廊」は、鴨川の西側か
ら東山を望むという「東山鴨水」
の理念が意識され、『古今和歌集』
（905年）の素性法師（生没年不詳）
の和歌「見わたせば　柳桜をこきまぜて　都ぞ春の錦なりける」という春の景
色から着想されている。具体的には、シダレザクラをはじめとする里桜を中
心に、モミジ、ヤナギ、ユキヤナギなど四季折々の花や木を楽しみながら散
策できる空間が創出された。竣工を記念し俳句や短歌が公募され、入選作が
石に刻まれ散策路に沿って8ヶ所に据えられている。

　花の回廊工事の際に発見された三条大橋や五条大橋の橋脚石柱の一部が川
沿いに保存されている。三条大橋下流左岸のものは、両側に突起が出ていて
架橋当時の接続方法が想像できる。また、五条大橋上流右岸の五条児童公園
のものは、柱の中央部に鉄筋が差し込まれており、近年まで再利用されてい
たことがうかがえる。鴨川からは離れるが、京都国立博物館の西の庭には、
橋脚石柱と横桁が組立てられた遺構（写真3）が展示されており、当時の橋
の構造がよく理解できる。

　三条大橋から五条大橋付近の鴨川沿いの散策は、橋脚石柱や擬宝珠など
様々な時代の遺構が目白押しで、橋梁マニアにはたまらないルートである。

⑶　鴨川での歌舞伎〜出雲の阿国像と南座〜

　花の回廊を四条大橋まで歩くと、刀を担ぎ踊っている像（写真4）がある。
男装をした出雲阿国（1572-?）が歌舞伎を演じる姿である。南座の鴨川側に
は、「阿国歌舞伎発祥地」と彫られた石碑もあるが、その真偽は定かではな

い。阿国に関する文献として、天文期から慶長20（1615）年までの史記である『当代記』の慶長8（1603）年4月の条に、出雲国の神子である国が異風なる男装で刀を差し「カフキ踊」を演じたとある。その場所は北野天満宮であった。さらに、その一ヵ月後の5月6日には女院御所（後陽成天皇の母の御所）でも踊っている[5]。この1603年が歌舞伎の始まりとされることが多い。

写真4　男装をして歌舞伎を演じる出雲阿国像

　その後、阿国一座は天下一と号したが、『慶長自記』の慶長9（1604）年10月の条に「（略）見あき申候」とあるように陰りを見せ、京都を出て桑名や江戸城本丸で踊るなど諸国を巡業している。その後、阿国は京都に戻っており、慶長17（1612）年の正月に北野天満宮で、同年4月には新上東門院の御所で歌舞伎を踊っている[6]。

　鴨川の歌舞伎で知られているのは、六条柳町の遊女が河原の芝居小屋で演じた「女歌舞伎」と呼ばれる踊りである。「女歌舞伎」は阿国が演じた「かぶき踊」とは異なり、三味線の音色に合わせて数十名の遊女が揃いの衣装で輪になって踊る形態であった。この女歌舞伎は人気を博し、『孝亮宿禰日次記』の慶長13（1608）年2月10日の条に四条河原で演じられた女歌舞伎に数万人の群衆が集まったとある[7]。女歌舞伎の様子を『四条河原遊楽図屏風』（静嘉堂文庫美術館所蔵）に見ることができる。瞬く間に広がった女歌舞伎は見物する男たちの間で喧嘩が絶えず、駿府では慶長13年に追放されている。京都においても慶長14（1609）年に無類の徒（70名）が捕らえられ、主だった4、5名が処刑、その他は追放されるなどの記述から当時の状況を知ることができる[8]。風紀の乱れを危惧した幕府によって、女舞・女歌舞伎が寛永6（1629）年に禁止されることとなった。その後、若衆歌舞伎や野郎歌舞伎などと形式を変えつつ上方歌舞伎の祖とされる初代坂田藤十郎（1647-1709）らの活躍へと繋がり、現在に至っている。

　この頃の状況を記した地誌『都名所図会』（巻之二）（1780年）の「芝居」の記述に、「芝居は四条鴨川の東にあり。（略）五条河原橋の南にて興行しけるに、秀吉公伏見の城より上洛したまふとき、見物群衆し妨げに及ぶ。ゆゑに四条の河原にうつす。その後、中絶ありしところに、承応2（1653）年に村山又兵衛といふもの、四条河原中嶋にて再興し、また縄手四条の北にうつし、つひに寛文年中（1661-73年）にいまの地にうつして常芝居となる」とある[9]。この内容から豊臣秀吉が五条橋の南で興行していた芝居を四条河原に移し、その後には中断もあったが、承応2年に四条河原の中州で再興され、縄手四条の北に移り、寛文年間に芝居小屋が建てられたことになる。つまり、四条河原は歌舞伎と鴨川納涼床が混在し賑わっていたが、恒常的な芝居小屋は洪水を避ける形で東へと移動したと考えられる。芝居小屋の位置は『京大絵図』（1691年）から、現在の南座の周辺に三ヶ所、四条通を挟んで北側に四ヶ所あったことがわかる。その後、江戸後期の類書である『守貞謾稿』に「近世京師芝居は四條大橋東に二所相対してこれあり。（略）。この二所を大芝居とす」とあり[10]、江戸後期においては南座と北座が芝居小屋の中心となっていたことがわかる。明治へと時代が移り、北座は道路の拡幅で廃業となり、現在は南座だけが当時の様子を伝えてくれる。

2．鴨川左岸を四条大橋から五条大橋へ歩く

⑴　民衆に支えられた「四条大橋」

　南座の前に立ち四条大橋（橋長65m、幅員25m）を眺めてみる。多くの人が渡っているのに、誰一人として橋に関心があるようには見えない。平安期から千年以上もの歴史ある橋で、織田信長（1534-1582）も修理したなどの説明板があると、注目度も変わるのではないだろうか。

　四条大橋の歴史を遡ると、八坂神社の記録に永治2（1142）年に祇園社への参道として架橋されたとあり[11]、また『日錬抄』（第七）の久寿元（1154）年3月29日の条に「祇園橋供養」とあることからも、平安後期には祇園社（八坂神社）の僧の勧進により架けられた勧進橋として存在していたことは確かであろう。その構造については『一遍上人絵伝』（1299年）（国立文化財

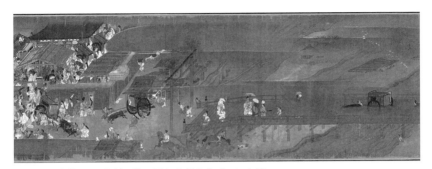

図3　鎌倉期の四条橋（『一遍上人絵伝』（1299年））
国立文化財機構所蔵品統合検索システム　ColBase（https://colbase.nich.go.jp/）より

機構所蔵）の図3が参考になる。絵図に描かれた鳥居から、祇園社への参道であったことがわかる。鴨川に架かることから、長大橋であったと推察される。幅員は人物との比較から5mほどで、高欄には擬宝珠が付けられている。下部工は丸太を河床に打ち込み2本の水貫で固定し、その上に板材を置いた橋であった。洪水で流されることも多く、織田信長が家臣の村井貞勝（？-1582）に修理を命じていることが『兼見卿記』の天正4（1576）6月1日などの条に記されている。

　祇園社への参道であった四条大橋を簡易な橋に変え、橋を遊芸や納涼が行われる河原の一部にしたのが秀吉である。簡易な橋の様子を『都名所図絵』（巻之二）の「四条河原夕涼之体」に見ることができる。四条河原の賑わいは江戸期において200年も続いていた。四条大橋が長大橋（橋長53間、幅員3間）として再び登場するのは、安政4（1857）年のことであり、下古京宿老、祇園神輿轝町氏子、祇園町などの人々の願い出によって架橋された[12]。民力によって架橋されたが、痛みが激しくなり、オランダ人技術者のホーゲルが明治7（1874）年に橋長が54間（約98m）、幅員4間（約7m）の鉄製の橋梁（くろがね橋）を架橋した。最新の西洋のスタイルが導入されており、文明開化の到来といえよう。桁は輸入されたが、高欄は阿弥陀寺や正法寺の梵鐘などを溶かして造られている。鉄橋は民衆からは銭取橋と呼ばれ、評判が悪かった。その理由は、大人1銭、車馬2銭の橋銭である。この通行料の徴

取は明治14（1881）年まで続いた[13]。

　この姿が大きく変わるのが大正2（1913）年である。渡り初めの記念絵葉書（写真5）を見ると「大正二年三月二十三日渡初式擧行之京都四條大橋」とある。橋面には電車、中央には式典に相応しく提灯が架けられている。直線的（平面的）な装飾をいかしたセセッション式欧風意匠の様式で、デザイン橋脚のスリットにも大正ロマンを感じる。コンクリートアーチ橋に架け替えられた理由は、京都三大事業の道路拡張と市営電気軌道敷設事業にある。同様の理由で架設された七条大橋（土木学会選奨土木遺産）は、四条大橋と同じ形状のアーチ橋で当時の姿を見ることができる。

　最新の技術で架橋された四条大橋は昭和10年の京都大水害でも流失は免れた。しかし、流れてきた木材などでアーチ部分が閉塞され溢水したことで被害が広がることとなった。このことを受けて河積断面を広げるために昭和17（1942）年に連続非合成プレートガーダー橋に架け替えられた。左岸側の橋台はコンクリートアーチ橋の橋脚を使っており、その形状に大正ロマンの面影を見ることができる。

　その後、昭和40（1965）年の改修（橋長65m、幅員25m）に際して、全国で

写真5　四條大橋　渡初式の絵葉書（大正2年3月23日）
（筆者所蔵）

初めて高欄のデザイン公募が行われ、現在の青銅の手すりを持つ線形の美しい高欄が採用された。勧進橋から始まり、高欄デザインの公募までの歴史は、庶民に支えられてきた橋梁であることを伝えてくれる。

(2) 「信仰の道」の起点・松原橋（旧五条橋）

　松原橋は、平安京の五条大路の東に架かっていた橋で、秀吉が旧六条坊門小路に五条大橋を架けるまでは今の松原橋が、五条橋であった。松原橋は、清水寺の勧進橋で、清水橋や清水寺橋とも呼ばれていた。松原橋の架橋は嵯峨天皇（786‐842）の勅命ともされるが定かではない。文献上では、『水左記』（平安時代後期の公卿・源俊彦の日記）の承暦4（1080）年10月8日の条の「清水寺橋の橋下の鴨河原で迎講を修した」が初見である。

　宇治川や鴨川などの大きな河川は、此岸（この世）と彼岸（あの世）の境界と見立てられる場合が多い。此岸と彼岸をつなぐ松原橋の性格は、主に二つあった。一つは、橋を渡り清水坂を経て、観音霊場の清水寺に至る信仰の道の起点であった。もう一つは、六道の辻を経て、葬送の地である鳥辺野に向かう死者の道の起点でもあった。『源氏物語』では、桐壺の更衣や葵の上、夕顔などの葬送の舞台として登場する。このような橋の性格から、鴨川の東岸を極楽浄土と見立てた迎講や死者を供養する施餓鬼などの仏教行事が、五条松原橋付近で行われていた。

　『洛中洛外図屏風 歴博甲本（町田本）』（国立歴史民俗博物館所蔵）（図4）や『清水寺参詣曼荼羅』（清水寺所蔵）などに、室町時代の松原橋の姿が描かれている。絵図を見ると、鴨川の大きな中島をはさんで2本の板橋が架けられ、中島には瓦葺きの建物が確認できる。『雍州府志』（1682‐86）によると、この建物は、安倍晴明（921‐1005）が鴨川の治水を祈願して建てたと伝わる法城寺で、寺名自体に「水去りて土と成る」という治水の願いが込められていたという。また、五条中島には中国夏の治水神・禹王を祀る廟があったとされ、中世の五条松原橋周辺は鴨川治水の聖地であったようだ。現在も、鴨川東岸には、法城寺晴明堂心光寺や目疾地蔵で知られる仲源寺など、かつて五条中島に存在した寺院等を継承する寺社が存在している。

　松原橋の規模については、南北朝期に松原橋供養の導師を務めた僧侶の

図4　中世の五条中島（洛中洛外図屏風 歴博甲本（町田本））
（国立歴史民俗博物館所蔵）

『仲方和尚語録』に、応永16（1409）年架橋の橋の長さは86丈（約260m）、幅24尺（約7.3m）とあるのが初見で、何と現在の橋の長さの3倍を超える[14]。昔の橋の遺構がないか探すと、洗い地蔵で知られる寿延寺の本堂中庭に、万治2（1659）年の年号が刻まれた「五條十禅宮旧跡」の石碑（写真6）があった。住職の話では「昔はこの寺の辺りまで鴨河原で、橋の東詰には十禅社があり十禅の森と呼ばれていた」という。現在の松原橋の東端から寿延寺までの距離が約170mで、橋の部分を含めると概ね記録と符合している。現在の松原橋付近の情景は大きく変わってしまったが、橋の高欄には擬宝珠が付けられており、清水寺への参詣の橋としての風格を物語っているようだ。

⑶　**大津・京都と伏見を繋ぐ「鴨川運河」　〜八つの閘門〜**

　四条大橋から五条大橋へと向かう。200mほど歩くと団栗橋（橋長61.5m、幅員9.5m）がある。京都の町の約8割が焼失した天明の大火（1788年2月2日）が「団栗焼け」と呼ばれるのは、大火の火元が団栗橋の辺りであったためである。名称の由来は、橋の傍にドングリの木があったからとされる。団

栗橋から川端通の東側を流れる水路があり、100mほど歩くと地蔵の横に「疏水」と刻まれた石材で造られた親柱が置かれている。同様に松原橋の左岸にも親柱（2ヶ所）と高欄がある。親柱の一本には「疏水」、もう一本には「松原橋」と刻まれている。疏水とあるのは、明治28（1895）年に開通した鴨川運河を示す。明治23（1890）年1月に京都市会で予算案が可決したが、着工が明治25（1892）年11月まで遅れた理由は、急勾配のため閘門（写真7）を仁王門、孫橋、三条、四条、松原、五条、正面、七条の8ヶ所に設置する必要

写真6　五條十禅宮旧跡碑（寿延寺）

写真7　鴨川運河の閘門
（京都府立京都学・歴彩館所蔵）

があったためである。閘門の工事費と船を上下する時間が課題となり、代案として高瀬川や堀川の利用も検討された。三条から五条間に設置された閘門の使用時間は昇り２分30秒で、降り３分30秒であった[15]。鴨川の中に運河が掘られ、閘門の中を上下しながら運航する荷舟を、町衆はどのように見ていたのだろうか。明治45年に第二疏水が竣工し、水量が増大したために鴨川運河の幅員は約6.1m から約12.7m に広げられた。現在、この鴨川運河は川端通の下を流れている。道路（川端通）、舟路（鴨川運河）、鉄道（京阪電車）が縦の三層構造になっていると知れば、鴨川探訪もより楽しくなってくる。

3．鴨川右岸を五条大橋から四条大橋へ歩く

⑴ 擬宝珠の「博物館」・五条大橋

　京の五条の橋と聞いて、多くの人が思い浮かべるのは、牛若丸と弁慶が出会った義経伝説ではないだろうか。五条大橋西側の国道１号の中央付近には、牛若丸と弁慶が闘う姿を表すモニュメントが建てられ、橋詰の広場は「牛若ひろば」と呼ばれている。

　　しかし、五条大橋が現在の位置に架けられたのは、義経伝説の時代より下る安土桃山期のことである。豊臣秀吉による方広寺大仏殿の造営に伴い、旧六条坊門小路を新しい五条通として橋が架けられた。400 年前に架橋された五条大橋（当時は五条橋、大仏橋などと呼ばれた）は、三条大橋と同じ構造を持つ兄弟橋として、都の玄関口の役割を担ってきた。そのため二つの橋は、江戸時代においても幕府が管理する公儀橋として都にとって無くてはならない橋であった。秀吉架橋の五条大橋の姿は、江戸初期に描かれた『洛中洛外図屏風 舟木本』（東京国立博物館所蔵）（図５）の主要モチーフの一つである。石造りの橋脚柱や高欄の擬宝珠など橋の構造がリアルに描かれている。橋上には物売りや花見帰りの踊る集団、橋詰には長旅で乱れた客の髪を整える床屋が描かれている。橋下には薪を満載した２隻の高瀬舟が描かれ、江戸前期において五条大橋と高辻通付近の間では、高瀬川は鴨川と合流していた。

　現在の五条大橋の高欄には、江戸期から昭和にかけ５世代14個の擬宝珠が

図5　江戸初期の五条大橋（洛中洛外図屏風 舟木本）
（東京国立博物館所蔵）

付けられている。まさに、橋の歴史
を物語る「擬宝珠の博物館」であ
る。一番古い擬宝珠（写真8）には
「雒五條石橋　正保二年乙酉十一月
吉日」と刻まれている。正保2
（1645）年の橋は、この銘のとおり
洪水に万全を期すために、従来の木
桁石柱橋から主桁（縦断方向の桁）
も含め総石造りの長さ72間（約
131m）の橋になったという。しか
し、橋の自重を増したことが災いし
たのか、寛文2（1662）年の大地震
の際、20間（約36m）が倒壊してし
まい、元の木桁石柱橋に戻された。
次に古い擬宝珠は、明治27年のもの

写真8　一番古い擬宝珠（正保2年）

である。銘には「明治十年改修五條 橋之際除擬寶珠當 本年重修復舊形偶 壊
二珠因新造補之云」と刻まれており、明治10（1877）年に橋が改修されたこ
とがわかる。この時には、高瀬川に架かる小橋と橋長80mの五条大橋とは

写真9　白ペンキ塗りの五条大橋
（京都府立京都学・歴彩館所蔵）

別に架け替えられ、擬宝珠は全て外された上、白ペンキ塗りの洋風高欄とされた（写真9）。この橋への市民の評判が悪く、明治27年に元の擬宝珠付きの高欄に戻された。擬宝珠で数が一番多いのは昭和27（1952）年のもので、銘には「昭和十年六月の洪水に流出した六個を補充鋳造する」とある。昭和10年の京都大水害で、五条大橋は流失しいくつかの擬宝珠は大阪湾や淡路島沖で発見された。銘の説明のとおり、昭和27年の6個の擬宝珠は、この時の改修で補充されたことがわかる。

　五条大橋は、秀吉の架橋に始まり、洪水や地震で何度も壊され、その姿を変えてきたが、現在もなお擬宝珠付きの高欄など架橋当時の遺伝子を継承し続けている。

(2)　都の物流を支えた「高瀬川」

　五条橋西詰にある「牛若ひろば」の傍を高瀬川が流れている。高瀬川と聞いて思い浮かべるのは、同心の庄兵衛が罪人の喜助と共に下る森鴎外（1862-1922）の代表作『高瀬舟』（1916年）ではないだろうか。罪人との別れに涙したことを伝える「涙の地蔵」が四条小橋の下流に位置する公園に祀られている。高瀬川は、今から約400年前の慶長19（1614）年に角倉了以（1554-1614）と素庵（1571-1632）の親子が開削した10.5kmの運河である。運河が必要となった理由は、京都大仏殿（現在の方広寺）を再建するための用材が、鴨川を使って運ばれたことにある。しかし、白河法皇が「鴨川の水は意のままにならない」と嘆いたように、鴨川の堰は洪水で流されることも多く、安定的に資材を運ぶには適していなかった。そこで、了以親子は洪水の影響を受けない運河を、御土居掘や農業用水路を活用して開削した。

　舟運の様子が『拾遺都名所図会』（巻之一）（1787年）（図6）に描かれている。図絵を見ると、ふんどし一丁の力強そうな男が、舟を曳いている。曳き

図6　高瀬川の船曳『拾遺都名所図会』（1787年）
（国際日本文化研究センター所蔵）

子は、左図が三人一組、右図は四人一組である。曳き子をされていた方の口
伝では「十五隻ほどを数珠つなぎにした船団の先頭を五人で曳き、あとの舟
は一人で曳くことに決まっていた」とのこと、絵図とは異なる。この船曳道
を五条通から上流、高瀬川右岸に見ることができる。

　高瀬舟の舟幅は1.6～2.8mと時代によって異なるが、絵図の川幅から見て
舟がすれ違うことは難しい。このため、上がりと下りの時間帯を分けて、物
資を運ぶ決まりがあった。舟が上がる時は、朝6時から7時頃に伏見を出て
2時間もすると七条近くまで来る。木屋町沿いの船入で荷を下ろす頃には昼
時であった。下りの舟は、午後から半分の荷を積み込んで伏見へと向かった
という16)。このことから推察すると、絵は午前11時頃の様子を描いたのであ
ろうか。洗濯をする二人の女性の姿も描かれている。

　高瀬川にも変化が見られる。現在の護岸は石積みだが、当時は板柵で土を
押さえていたことがわかる。木材は橋にも使われており、橋は地面から1m
以上も高い場所に架かっていた。橋の高さを舟が通れるようにすることは多
いが、曳き手を考慮して架けられることが面白い。『寛政十三年東高瀬全部
実測図』（1801年）を見ると、このような橋が高瀬川には32橋もあったこと

になる。高瀬舟と橋が描く風景は、廃船となる大正 9（1920）年まで見ることができた。

　『京都 高瀬川』（2005年）の著者である石田孝喜氏に五条から二条まで、高瀬川を案内して頂いたことがある。史跡に指定されている「一之船入」の前で「昔の高瀬川の川幅は、今よりも1mほど広く、水深も30cm以上あった。水量の少ない時は、板で水を堰きとめ、舟を漕ぎ出す時に板を外し、水の勢いと共に下っていった」と、教えていただいた。一之船入の奥行きは広く約90mもあり、幅も約10mある。荷物の上げ下ろしをする船入が 9ヶ所もあったが、他の船入は埋められビルへと姿を変えた。昭和 9（1934）年に一之船入が史蹟に指定された功績は大きい。江戸時代には、 1日に150隻以上の高瀬舟が都へと物資を運んでいた。車方の関係もあり、当初は薪だけと決められた時期もあったが、やがて物資の輸送は舟へと移行し、米、酒、醤油、ニシンなどの食品から、畳、鍋、鉄、車の輪など様々な品が運ばれた。一之船入の近くには酒樽と米俵が積まれた高瀬舟が停留しており、当時の様子を偲ぶことができる。

(3)　「和と洋」鴨川沿いの近代建築物群を巡る

　鴨川沿いの大型の近代建築物群は、河川景観を構成する大きな要素の一つである。特に三条から五条間は、昭和初期に建てられた近代建築物の宝庫となっている。五条大橋の西詰から高水敷に降り上流に向い巡ってみよう。

　まず現れてくるのが「鶴清」（写真10）と「鮒鶴」。いずれも木造 3階建ての迫力のある近代和風建築である。鮒鶴の本館は、入母屋造に唐破風を付けた楼閣と寄棟造を折衷したデザインで、「鴨川を眼下に東山三十六峰を一望する」というコンセプトで建てられ

写真10　鶴清

ている。

　上流に向かうと、四条大橋をはさんで二
つの近代洋風建築が対面している。西岸の
「東華菜館」（写真11）は、ウィリアム・メ
レル・ヴォーリズ（1880 - 1964）が手掛け
た唯一のレストラン建築で、スパニッ
シュ・バロック様式の少し派手な装飾が印
象的である。特に玄関ファサードの海の幸
や山の幸を散りばめた立体的な装飾には驚
かせられる。東岸の「レストラン菊水」
（写真12）は、屋上の放射線状の塔屋が特
徴的で、壁に付けられた仮面のレリーフも

写真11　東華菜館

面白い。同じ頃に架けられたセセッション式の四条大橋と合わせ、四条大橋
界隈にモダンな景観が誕生した。橋は架け替えられたが、2棟の近代洋風建
築は100年の時を経て健在である。

　最後に巡るのは、2棟の劇場建築である「南座」（写真12）と「先斗町歌

写真12　昭和初期の四条大橋界隈の景観（レストラン菊水・南座）
（筆者所蔵）

舞練場」。南座は、江戸前期に四条河原の東岸に出現した櫓を引き継ぐ唯一の建築物で、唐破風と千鳥破風を組み合わせた桃山風意匠の近代和風建築である。武田五一（1872－1938）も関わった先斗町歌舞練場は、茶褐色のスクラッチタイルを貼り詰めた壁面と黄土色の柔らかな竜山石が特徴的な東洋風の近代洋風建築である。

　かねてより「京阪電車地下化の際の桜伐採」や「ポン・テ・デザール歩道橋問題」など、鴨川を取り巻く大きな変化がある時は、市民を巻き込んだ景観の議論がなされてきた。今後も、鴨川沿いに新たに生まれる景観もあれば、失われる景観もある。「足される景観、引かれる景観」を積み重ねながら、鴨川の魅力ある河川景観が進化し続けることを願う。

4．鴨川右岸を四条大橋から五条大橋へ歩く

(1)　鴨川の空間的基盤を整えた「寛文新堤」

　鴨川の高水敷を歩くと二つの流れがある。小さな流れが、鴨川納涼床が立ち並ぶ「みそそぎ川」である。みそそぎ川は、木屋町・先斗町の茶屋らによる「一時的にでもよいから當分細い流れを作らせてほしい」（1935年）との陳情を受け[17]、昭和10年の京都大水害を契機に行われた鴨川改修工事において現在の河道が整備された。護岸を見ながら歩くと、松原橋から団栗橋にかけて古い時代に積まれたと思われる布積護岸（写真13）がある。四条大橋から三条大橋の間も途切れ途切れであるが同じ形式の布積護岸の上に飲食店が立ち並び、店舗ができる前の時代に護岸が整備されていたことがわかる。この護岸の天端は、みそそぎ川の護岸より約50cm高い。この護岸が寛文9－11（1669-71）年の間に整備された「寛文新堤」と考えている。

　寛文新堤については、京都産業大学図書館が所蔵する『川方勤書』（1708-11年）に「板倉内膳正殿御在京之節、三拾八年以前寛文八申年東西両側堤四千弐百間程宛出来」とあり、鴨川の五条大橋から上流の両岸に4,200間（約7.6km）の護岸が整備されたことがわかる。形状は東堤の高さが1間（約1.8m）、天端が2間（約3.6m）に対して。西堤の高さは2間、天端が6間（約10.9m）と、西堤が東堤の倍の規模であった。新たな西堤の高さが約3.6mで

写真13　寛文新堤と考える布積護岸（みそそぎ川の奥）

あることは、秀吉が整備した御土居堀（高さ約5m）を東へと約300m移動さ
せたことになる。この高さの堤防は効果があったのであろう。しかし、自然
の力は強い。左岸の東堤は延宝2（1674）年と延宝4年の洪水でほとんどが
流失したが、西堤は修復を繰り返していた。江戸期において御所がある平安
京エリアを重視していたことが見えてくる。

　寛文新堤の石積護岸については、堤内地の利用に応じて公儀と町人が管理
する区域を分けている。公儀が伏見殿や梶井御門跡、松平豊後守屋敷が立ち
並ぶ右岸の今出川口から荒神口までの746間（約1.4km）と橋梁、御用水樋口
等を管理している。町人は樋口町や材木町などの右岸の荒神口から五条橋ま
で1,190間（約2.2km）と左岸の宮川町や弁財天町などの二条口から五条橋ま
での920間（約1.7km）を管理している。町人が主体的に堤防を管理する体制を
整えていたことが驚きである。この寛文新堤の整備によって鴨川の空間的な
基盤が整うこととなった[18]。

(2)　京都の風物詩「鴨川の納涼床」　～歴史と変遷～

　四条大橋からみそそぎ川沿いに100mほど歩くと、店舗がなく5mほどの
開けた場所がある。昭和10年の京都大洪水で流されるまでは、料亭の竹村家

が私費で架けた竹村家橋（車道橋）が架かっていた。納涼床には欠かせない橋で、橋のほぼ中央から四条河原へと降りることもできた。

　納涼床は、俳聖として知られる松尾芭蕉（1644-94）も「夕月夜の頃より有明過る頃まで川中に床をならべて夜もすがら酒のみ、ものくひあそぶ（略）」と記しており、鴨川には300年以上も前から涼を求めて人々が集っていた。文献では中川喜雲（1636？-1705）が記した『案内者』（1662年）が初見とされており、6月7日の祇園会の条に「その夜より、四でうがはらには、三でうをかぎりに茶屋の床あり。京都のしょにん毎夜すゝみにいづる。飴うり・あぶりどうふ・真瓜等の商人、よもすがら篝をたく。人の群集うたひどよめく事、野陣の夜に相似たり」とある。同時期に黒川道祐（1623-1691）が記した『日次記事』（1676年）の「六月初七日　神事祇園會」に「凡ソ今夜自リ十八日ノ夜ニ至テ四條河原水陸寸地ヲ漏サ不床ヲ並ベ席ヲ設ケ良賤般楽ス。東西ノ茶屋桃燈ヲ張リ行灯ヲ設ケ恰モ白昼ノ如シ。是ヲ涼ミト謂フ」とあることから、祇園会が始まる6月7日から神輿の戻る6月18日（旧暦）まで、東西の茶店が三条から四条の河原に並べた床几で、都人があぶりどうふや真瓜等を食べながら鴨川の夜を楽しんでいたことがわかる。

　ここで三つの疑問が生じる。一つは「川床が始まったのは何時か」、二つ目は「川床を楽しむ期間が延びたのは何時か」、三つ目が「床几から高床式への変遷理由」である。

　一つ目の疑問である川床の始まりは、寛永期（1624-44年）に描かれたとされる静嘉堂文庫の『四条河原遊楽図』に納涼床が描かれていないことと、前述の1662年には茶屋の床で賑やかであったことから、納涼床の発祥は1650年代と考える。

　二つ目の「納涼床の期間」は、本居宣長（1730-1801）の『在京日記』の宝暦7（1757）年7月29日の条にある、「廿九日のよ、四条川原へすゝみにいつ。近年、あとすゝみといひて、八朔迄はすゝみのやうに茶屋の川床もあり」との記述から、1750年頃には、祇園会の期間だけでなく旧暦の6月から7月（旧暦）の2ヶ月間にわたって川床が楽しまれるようになったと考える。この頃の様子を『都林泉名所図会』（1799年）の「四條河原夕涼其一」（図7）から知ることができる。河川敷の一面に並べられた床几には、女性

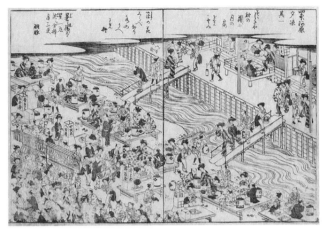

図7　納涼床『都林泉名所図会』（1799年）
（国際日本文化研究センター所蔵）

が座り客の相手をしている。床几に置かれた行灯から、どこの茶屋かがわかる。

　近年における納涼床の期間は、平成11（1999）年に5月1日〜9月15日までの夜床、5月のみ昼床の営業が認められ、翌年の平成12（2000）年から5月1日〜9月30日までの夜床、5月・9月の昼床を楽しめるようになった。

　最後の疑問である、「床几から高床式への変遷」は、鴨川の治水工事に由来している。幕府が寛文新堤を築いたために、茶屋の前に床几が置けなくなった。そこで鴨川に柱を立て川岸の茶屋から張り出された床で、夕涼みを楽しむこととなった。この形式を「低床形式」といい、17世紀後期に描かれた『四条河原風俗図巻』（サントリー美術館所蔵）や『鴨川遊楽図』（逸翁美術館所蔵）などに、その様子を見ることができる。現在のような「高床形式」の納涼床が生まれたのは、明治末期に洪水防止のために河床が整備され、床几を置くことが禁止されたことによる。当時は屋根のある納涼床や二階建ての納涼床（写真14）もあった。現在は、鴨川条例に基づき平成20（2008）年に定められた基準（床高は3.6m以上、手すりは木材の素地仕上げなど）を守る約100軒の店舗で鴨川納涼床を楽しむことができる[19]。

写真14　2階建の納涼床（京都名所十景 其一 四條河原）
（筆者所蔵）

(3)　東海道の西の起点「三条大橋」

　納涼床を眺めながら河川敷を歩き三条大橋まで戻ると、木屋町へと上がる
ことができる。この道が『都名所図会』（巻之一）の「三条大橋」に見られ
る「車道」である。江戸期において荷車は橋を痛めるとの理由で、橋を渡る
ことができないため川の中を渡り、京都から東国へと向かった。三条大橋が
東海道の西の起点であることを示すモニュメントが二つある。一つは南西角
にある『東海道中膝栗毛』（1802-14年）の主人公で知られる弥次さん、喜多
さんの像である。もう一つが北東角にある駅伝の碑である。碑文には、日本
最初の駅伝が大正6（1917）年に開催され、スタートは三条大橋で、ゴール
は東京・上野不忍池であったことなどが記されている。東国から京都への入
口も三条大橋である。宝暦4（1754）年の絵図『京圖鑑綱目』には、三条大
橋から禁中様、上が茂、金かく寺、東寺などへの距離が記されており、三条
大橋が京都の玄関口であったことがわかる。

おわりに

　これまで述べてきたように、鴨川と暮らしとの関係を平安期の防鴨河使や

四条大橋から、現代の花の回廊や京阪電車の地下化などに見ることができる。また、約80ヶ所の石碑・モニュメントの約半数が慈善団体などによる建立であり、京都市民に鴨川が大切にされていることもわかる。

　鴨川の歴史的な価値を伝える取組も幾つか見られる。その代表が平成24（2012）年から始まった鴨川ギャラリーである。四条大橋、御池大橋などの橋桁の下に、各橋梁等の歴史を絵画や写真などで紹介している。これらの取組を一歩進め、鴨川に関心がなかった若者へのアプローチとして、アニメの聖地巡りをヒントに鈴木ゼミでは高欄等の修景改修事業の竣工式が行われた令和6（2024）年1月16日に三条大橋を「京都・水の聖地」として定めた。私事になるが10年程前にヴェッキオ橋を見るためにイタリアのフィレンツェを訪ねたことがある。京都人の意識を変えるためにも、世界中から三条・四条・五条大橋を見るために京都を訪れる旅人が増える仕掛けも必要ではないだろうか。本著がより多くの方々に、鴨川の河川文化を知って頂ける一助になれば幸いである。

表2　鴨川沿い（三条大橋～五条大橋）石碑・モニュメントなど　一覧表

	物件名	設置者	設置年
	三条大橋～五条大橋（鴨川左岸）		
1	京の川づくり	京都鴨川ライオンズクラブ、鴨川を美しくする会	1995年12月
2	駅伝の碑	財団法人日本陸上競技連盟	2002年4月27日
3	駅伝発祥の地	一般財団法人京都陸上競技会	2017年4月29日
4	三条大橋の補修・修景（仮）	京都市	令和6年1月
5	三条大橋案内板	京都市	不明
6	三条大橋架替工事履歴板	京都市	昭和25年
7	花の回廊竣工碑	京都府	平成11年6月
8	歌碑2基（花の回廊竣工記念）	京都府	平成11年6月
9	紅しだれ桜並木標柱（結成30周年記念）	京都鴨川ライオンズクラブ	1998年1月
10	三条大橋橋脚柱	京都府	不明
11	歌碑（花の回廊竣工記念）	京都府	平成11年6月
12	紅しだれ桜モニュメント「京ゆたかなもの雅」（結成40周年記念）	京都鴨川ライオンズクラブ	平成16年4月
13	紅枝垂桜記念植樹碑（結成60周年記念）	京都鴨川ライオンズクラブ	2022年11月
14	出雲の阿国像（結成20周年記念）／出雲の阿国案内板（結成30周年記念）	京都洛中ライオンズクラブ	平成6年2月／2003年11月
15	鴨川銘板	不明	不明
16	観光案内板（四条大橋東詰）	京都市	不明
17	高山彦九郎皇居望拝之像	京都市、高山彦九郎大人顕彰会	昭和3年、昭和36年再建
18	歌碑「大文字山」	不明	不明
19	せせらぎの道碑2基	京都市	平成3年5月
20	陶匠青木木米宅蹟碑	京都史蹟会	昭和4年6月
21	白川大和橋案内看板	不明	平成15年3月
22	与謝野鉄幹歌碑（第800回例会記念）	みだれ髪の会、京都橘ライオンズクラブ	不明
23	北座跡碑	井筒八ッ橋本舗	不明
24	阿国歌舞伎発祥地碑と説明板	松竹株式会社	昭和28年10月
25	記念樹寄贈碑（2基）	宮崎橘ライオンズクラブ、京都橘ライオンズクラブ	1997年5月
26	神輿洗と鴨川案内板	京都市	不明
27	フットライト寄贈碑	京都橘ライオンズクラブ	平成8年
28	歌碑（花の回廊竣工記念）	京都府	平成11年6月
29	鴨川位置案内碑（認証40周年記念事業）	国際ソロプチミスト京都	2006
30	疏水橋親柱	京都市	不明
31	歌碑（花の回廊竣工記念）	京都府	平成11年6月
32	疏水橋「松原橋」親柱・高欄	京都市	不明
33	観光案内板（松原橋公園）	京都市	不明
34	鴨川位置案内碑（認証40周年記念事業）	国際ソロプチミスト京都	2006
35	歌碑（花の回廊竣工記念）	京都府	平成11年6月
36	鴨川位置案内碑（認証40周年記念事業）	国際ソロプチミスト京都	2006
37	五条大橋案内板	国土交通省京都国道事務所	不明
38	平安建都1200年記念碑「友愛」（創立25周年記念）	京都山科ロータリークラブ	1993年4月
39	五条大橋橋脚柱	京都府	不明
	三条大橋～五条大橋（鴨川右岸）		
40	三条大橋橋脚モニュメント	不明	不明
41	弥次喜多像	不明	不明
42	土木学会選奨土木遺産認定碑	京都府	2019年9月
43	鴨川位置案内碑（認証40周年記念事業）	国際ソロプチミスト京都	2006
44	鴨川位置案内碑（認証40周年記念事業）	国際ソロプチミスト京都	2006
45	鴨川ギャラリー説明板	京都市	平成30年1月
46	先斗町通り案内看板	京都市	不明
47	松原橋案内板	京都市	不明
48	五条大橋橋脚柱モニュメント（2個所）	京都市	不明

物件名	設置者	設置年
49	扇塚碑・扇塚の記	京都市	昭和35年3月15日
50	牛若丸・弁慶像	京都青年会議所	1961年秋
51	噴水寄贈碑「水都美」（創立50周年記念）	京都中央信用金庫	平成2年5月
高瀬川（鴨川右岸）		
52	佐久間象山先生遭難之碑、大村益次郎遭難之地案内碑	新三浦	昭和10年1月
53	案内標柱「ひと人ヒト。和　川美しくゆるやかに」（25年記念）	立誠自治連合会	1985
54	瑞泉寺案内看板	京都市	不明
55	岩瀬忠震宿所跡、橋本本佐内訪問之地碑、説明板	瑞泉寺	令和元年5月
56	高瀬川親柱（橋名不明）	不明	大正元年11月
57	五之舟入址碑	木屋町共栄会、立誠高瀬川保勝会	平成21年11月
58	先斗町歌舞練場案内看板	京都市	不明
59	案内標柱「ひと人ヒト。和　川美しくゆるやかに」（25年記念）	立誠自治連合会	1985
60	彦根藩邸跡碑	京都市	昭和43年11月
61	六之舟入址碑	木屋町共栄会、立誠高瀬川保勝会	平成21年11月
62	高瀬川七之舟入址案内看板	京都市	不明
63	七之舟入址碑	木屋町共栄会、立誠高瀬川保勝会	平成21年11月
64	此付近土佐藩邸跡案内看板	京都市	不明
65	土佐藩邸跡碑	不明	不明
66	角倉了以翁顕彰碑（高瀬川開削375年記念）	京都市、角倉了以翁顕彰碑建立委員会、立誠小学校	昭和60年3月
67	日本映画発祥の地案内看板	京都市	不明
68	八之舟入址碑	木屋町共栄会、立誠高瀬川保勝会	平成21年11月
69	本間精一郎遭難地案内看板	京都市	不明
70	九之舟入址碑	木屋町共栄会、立誠高瀬川保勝会	平成21年11月
71	案内標柱「ひと人ヒト。和　川美しくゆるやかに」（25年記念）	立誠自治連合会	1985
72	四条小橋親柱	不明	不明
73	涙の地蔵（真町お地蔵2体）	真町町内会	昭和51年8月
74	高瀬舟廻址碑	永松高瀬川保障会	令和3年1月
75	佐野藤右衛門ギオンシダレザクラ植樹碑（創部50年記念）	京都府造園協同組合青年部	令和2年4月
76	高瀬川の四条～五条間の船廻し場と流域の町名の由来案内板	京都市	不明
77	高瀬舟廻址碑	永松高瀬川保障会	令和3年1月
78	高瀬舟廻址碑	永松高瀬川保障会	令和3年1月
79	木屋町コミュニティ道路標柱	京都市	不明
80	太田垣連月歌碑	太田垣義夫	不明
81	此附近河原院址碑	不明	大正4年11月
82	源融河原院跡案内板	京都市	不明

28

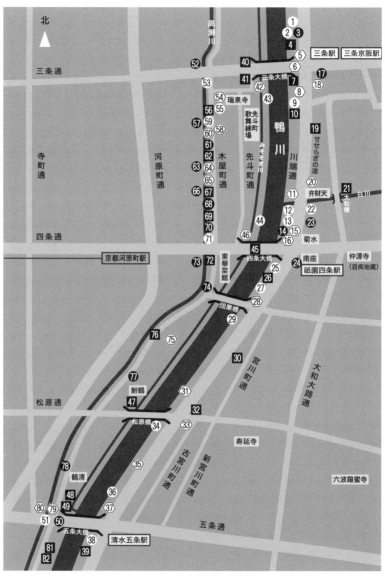

図8　三条大橋〜五条大橋　石碑・モニュメントなど　位置図

※「○」は慈善団体、「□」は歴史的な事物、「◇」はそれ以外。特に筆者が重要と
　判断した石碑等は黒塗りにしている。

表3 三条大橋の歴史

年号		記事
1423	応永30	架橋に際し幕府が公方の廷臣に橋料課す／兼宣公記
1525-36	大永5-天文5	簡素な板橋／洛中洛外図屏風 歴博甲本（町田本）
1590	天正18	豊臣秀吉（増田長盛）による架橋（長61間、幅4間5寸）
1623	元和9.1	大水により三条へ越すなり／舜旧記
1627	寛永4	三条大橋新造／緑紅叢書
1629	寛永6.5	洪水によって三条へ罷出るなり／舜旧記
1643	寛永20	三条大橋・小橋の修復／京都風光
1651	慶安4	三条大橋掛け直す／緑紅叢書
1662	寛文2	寛文京都地震により被災／殿中日記
1667	寛文7.8	長64間4尺、幅3間5尺5寸／京三条大橋指図
1669	寛文9	修復工事（木村惣右衛門、今井七郎兵衛）／町触集成別巻2
1674	延宝2.4	畿内大洪水三条・五条橋流出す／緑紅叢書、水害報告書
1676	延宝4.5	大雨にて洪水、三条・五条橋流出す／緑紅叢書、水害報告書
1679	延宝7.8	長57間2尺、幅3間5尺5寸／中井家文書
1682	天和2	三条大橋・小橋の修復／京都風光
1685	貞享2	三条・五条の大はし也／京羽二重
1692	元禄5	三条橋（長57間4尺5寸）／京都役所方覚書
1699	元禄12	長61間、幅3間／京大絵図
1708-11	宝永5-8	長57間4尺5寸、幅3間4尺、敷石2,030坪／賀茂川筋明細絵図（川方勤書）
1711	宝永8	大規模修復（平岡良久、角倉与一）／海遊録、長61間／山城名跡志
1719	享保4	三条大橋・小橋の修復／上方所々橋新造御修復共年数之覚
1728	享保13.6	大雨洪水、神輿三条橋を過て川原町より四条に出す／緑紅叢書
1734	享保19	長37丈余／山城志
1742	寛保2.8	大雨三条大橋流出す／緑紅叢書
1745	延享2	新設長37丈余／京羽二重
1758-62	宝暦8-12	長57間4尺5寸、幅3間5尺5寸、敷石2,030坪／賀茂川筋絵図
1762	宝暦12	長67間2寸、幅4間1尺／伊勢参宮細見
1778	安永7	破損、修造
1779	安永8	長63間／都細見図
1784	天明4	長37丈余／京羽重大全
1789-1801	寛政年間	61間7分／上京古町記録写本
1811	文化8	長57間4尺5寸、幅3間5尺5寸／京羽重大全
1846	弘化3.7	洪水、三条・五条大橋流出／緑紅叢書
1852	嘉永5.7	洪水、三条・五条橋の両橋破れ流る／緑紅叢書
1863	文久3	石柱構造（長57間4尺5寸、幅3間5尺5寸）／京羽津根、澱川両岸一覧
1868	慶応4	京都府管理となる／緑紅叢書
1869	明治2	橋修繕費として地車1両につき50文の通行料／京都風光
1880	明治13.12	三条大橋改造／京都風光
1885	明治18	長56間（101.9m）、幅4間7分（8m）／京都府調書
1912	大正元	三条大橋架換（長55間2分、幅3間）／京都府調書
1935	昭和10.6	京都大洪水、三条・五条大橋流失、竹村家橋流失／緑紅叢書
1943	昭和18	鴨川改修により河床1.7m低下し橋脚根継ぎ／三条大橋改築史
1950	昭和25.4	鋼単純H型橋（長73m、幅16.7m）、擬宝珠付き木製高欄
1974	昭和49.3	木製高欄完成
2024	令和6.1	木製高欄等の補修・修景

※ 『京の橋ものがたり』、『京の鴨川と橋』[20]、『緑紅叢書』などから作成

表4　四条大橋の歴史

年号		記事
1142	永治2	感神院砕門の勧進聖による架橋／祇園社家記録
1154	仁平4	勧進聖僧妙による祇園橋供養／濫觴抄、百錬抄、太平記
1228	安貞2	四条五条等末橋流了／百練抄
1243	寛元元	鴨東大火のため四条橋焼失
1245	寛元3	幕府が修造費用の一部負担／御成敗状追加（鎌倉幕府法）
1299	正安元	釈迦堂の踊り念仏時の四条橋／一遍上人絵詞伝（一遍聖絵伝）
1347	貞和3	架橋のための勧進田楽／京都風光
1349	貞和5.6	勧進聖による田楽桟敷倒壊、死者100人超／太平記、師守記
1374	応安7	感神院十穀聖による修築（四条川原橋事始）／師守記
1383	永徳3.7	加茂川洪水、四条五条切落
1427	応永34	洪水で落橋、河原在家百余家流出
1441	嘉吉元	洪水で落橋
1450	宝徳2.6	祇園会に合わせ九州の正領（等）入道が勧進架橋（36間）／東寺執行日記、祇園社記
1461	寛正2	京都大飢饉で橋上で施餓鬼／碧山日記
1468	応仁2.7	洪水で四条橋流出／緑紅叢書
1517	永正14	断絶していた四条橋を、勧進聖智源が再興／祇園社記
1519	永正16	再興のための材木が筏に組まれ山国から運ばれた／八坂神社文書
1533	天文2	四条橋流出／京都風光
1544	天文13	大洪水で四条橋落橋、大鳥居流出／言継卿記
1550-60	天文19-永禄3	2本の橋／洛中洛外図屏風　上杉本
1576	天正4	織田信長（京都所司代村井貞勝）の命で修理／兼見卿記
1578	天正6	四条大橋流出
1579	天正7.7	四条・五条橋復興（建仁寺・東福寺僧による勧進）／緑紅叢書
1581	天正9.5	川原洪水で四条落也／兼見卿記
1585	天正13.7	洪水、四条・五条つい落／緑紅叢書
1676	延宝4.5	四条板橋流れ落つ／緑紅叢書
1718	享保3.7	四条板橋流出／緑紅叢書
1721	享保6.6	鴨川筋洪水、四条・二条・松原の仮橋をおとす／緑紅叢書
1728	享保13.6	四条板橋流出／緑紅叢書
1758-62	宝暦8-12	川幅55間半／賀茂川筋絵図
1778	安永7	洪水のため四条板橋流出／緑紅叢書
1780	安永9	四条板橋描写／都名所図会
1786	天明6	洪水四条板橋流出／緑紅叢書
1802	享和2	四条板橋流出／緑紅叢書
1829	文政12	洪水で流出し、祇園祭の神輿は三条廻り／京都雑色記録
1857	安政4	本格的な石柱42本桁橋（長50間、幅3間）／祇園新橋新造之記
1868	慶応4	京都府管理となる（1898年 京都市管理となる）
1874	明治7.4	四条鉄橋（長54間、幅4間）、銭取橋（1銭、車馬2銭）
1880	明治13.12	無料開放
1913	大正2.3	鉄筋コンクリートアーチ橋（5連、長93m、幅21.8m）
1935	昭和10.6	京都大洪水、四条大橋破損
1942	昭和17.12	鋼連続桁橋（長65m、幅25m）
1965	昭和40	一般公募で高欄付替え等（ボルト隠しは、御所車）

※ 『京の橋ものがたり』、『京の鴨川と橋』[20]、『緑紅叢書』などから作成

表5 五条大橋の歴史

年号		記事
809−23	大同4−弘仁14	嵯峨天皇の勅命で五条橋架橋／京都府百年の年表
1080	承暦4	清水寺建／京の橋ものがたり／水佐記
1139	保延5.6	覚誉上人清水橋供養、洛中貴賤の知識が造る／濫觴抄、百錬抄
1188	文治4	大勧進沙弥印蔵による架橋／京都風光
1202	建仁2	建仁寺寄進による架橋
1228	安貞2	四条五条等末橋流了／百錬抄
1235	文暦2.1	西国御家人に清水寺橋の修理を命令／中世法制史料集
1245	寛元2	幕府が修造費用の一部負担／即成敗式目追加法
1263	弘長3	鴨川川防用途を近国の御家人に賦課／鎌倉遺文8970
1383	永徳3.7	加茂川洪水四条五条切落、新たに五条橋供養
1409	応永16	僧慈鉄（資金は慈恩）が架橋（長86丈余、幅24尺余）／仲方和尚語録
1427	応永34	洪水で落橋、河原在家百余家流出
1441	嘉吉元	洪水で落橋
1448	文安5.5	洪水により五条橋つい落／文正年代記東寺過去帖
1461	寛正2	同左、顧阿弥による勧進架橋／臥雲日件録
1486	文明18.5	勧進聖顧阿弥、五条橋中島で病没／大乗院寺社雑事記
1525−36	大永5−天文5	五条橋中島を挟む2本の橋／洛中洛外図屏風 歴博甲本（町田本）
1544	天文13	五条橋落橋／言継卿記
1550−60	天文19−永禄3	五条橋中島を挟む2本の橋／洛中洛外図屏風 上杉本
1573	天正元	甚だ古くして既に頽廃せる／耶蘇会士日本通信
1579	天正7.7	四条・五条橋復興（建仁寺・東福寺僧による勧進）／緑紅叢書
1585	天正13.7	洪水、四条・五条つい落／緑紅叢書
1590	天正18	豊臣秀吉（増田長盛、前田玄以）による架橋（長74間、幅4間1寸）いかなる洪水にも濡る事なし／都のにぎはひ、緑紅叢書
1645	正保2	観音寺沙門舜興の勧進による総石造りの橋（長72間、幅4間1尺、敷石1790坪）／京都防目誌、緑紅叢書
1662	寛文2	大地震で、約20間倒壊、直後に改修（長64間、幅4間）／殿中日記
1669	寛文9	五条橋（長72間半）
1674	延宝2.4	畿内大洪水三条・五条橋流出す／緑紅叢書、水害報告書
1676	延宝4.5	大雨にて洪水、三条・五条橋流出す／緑紅叢書
1685	貞享2	三条・五条の大はし也／京羽二重
1688	貞享5	五条橋（長64間）／京都役所方覚書
1708−11	宝永5−8	長64間4尺5寸、幅4間1尺、敷石1,791坪／賀茂川筋明細絵図
1711	宝永8	架替え（長64間、幅4間8寸）／京都御役所向大概覚書
1716	正徳6.6	鴨川洪水、五条橋流る／緑紅叢書
1741	寛保元	五条大橋改築
1758−62	宝暦8−12	長64間、幅4間8尺、敷石1,791坪／賀茂川筋絵図
1788	天明8.1	京都大火災、五条大橋焼く／緑紅叢書
1846	弘化3.7	洪水、三条・五条大橋流出／緑紅叢書
1850	嘉永3	五条橋流出／緑紅叢書
1852	嘉永5.7	洪水、三条・五条橋の両橋破れ流る／緑紅叢書
1868	慶応4	京都府管理となる／緑紅叢書
1869	明治2	橋修繕費として地車1両につき50文の通行料／京都風光
1877	明治10	上部工架換え（モダンな白ペンキ塗り高欄）
1878	明治11	長48間、幅4間2尺／緑紅叢書
1894	明治27.2	擬宝珠高欄復活、渡初め
1897	明治30	本願寺水道吊下げ
1911	明治44.11	五条大橋渡初め（長69m、幅8m）／緑紅叢書
1935	昭和10.6	鴨川大洪水、三条・五条大橋流失、竹村家橋流失／緑紅叢書
1944	昭和19	五条橋渡初め／緑紅叢書
1952	昭和27.5	昭和十年六月の洪水に流出した六個を補充鋳造する／擬宝珠銘文
1959	昭和34.3	鋼板桁（長67.2m、幅35m）、擬宝珠付き石造り高欄

※豊臣秀吉が架橋（1590年）までは、松原橋か五条橋

※『京の橋ものがたり』、『京の鴨川と橋』[20]、『緑紅叢書』などから作成

注

1）　京都府ホームページ平成27年度鴨川利用実態調査。12siryou5-4.pdf（pref.
kyoto.jp）

2）　松村博（1994）京の橋ものがたり、松籟社、133-134。

3）　田中緑紅（1964）京の三名橋　三条大橋（上）、（緑紅叢書4の10）、京を語
る会、10。

4）　松村博（1994）京の橋ものがたり、松籟社、68.

5）　高野敏夫（1997）出雲の阿国（一）、聖徳学園岐阜教育大学紀要、（巻34）、
24-25。

6）　高野敏夫（1998）出雲の阿国（二）、聖徳学園岐阜教育大学紀要、（巻35）、
23-28。

7）　高野敏夫（1999）遊女歌舞伎（一）、聖徳学園岐阜教育大学紀要、（巻37）、
9。

8）　高野敏夫（1998）出雲の阿国（三）、聖徳学園岐阜教育大学紀要、（巻36）、
46-47。

9）　市古夏生・鈴木健一（1999）新訂　都名所図会（一）、筑摩書房、128-129。

10）　宇佐美英機（2001）近世風俗志（守貞謾稿）（四）、岩波出版、28。

11）　松村博（1994）京の橋ものがたり、松籟社、54。

12）　田中緑紅（1969）、京の三名橋　四条大橋（中）、（緑紅叢書4の12）、京を語
る会、13。

13）　京都市文化市民局　文化財保護課（2018）明治の橋、11-12。

14）　瀬田勝哉（1994）洛中洛外の群像、平凡社、53。

15）　京都市水道局（1990）琵琶湖疏水の100年、224-241、247。

16）　石田孝喜（2005）京都　高瀬川、思文閣出版、5-9。

17）　谷川陸・林倫子・山口啓太・川崎雅史（2022）京都大水害後の鴨川改良計画
における中流断面及び東岸遊歩道路の風致設計、土木学会論文集（土木史）、
Vol 78、No 1、63。

18）　鈴木康久・山崎達雄（2021）江戸期における鴨川の堤防に関する研究、京都
産業大学日本文化研究所紀要、第26号、89-152。

19）　鈴木康久（2018）「京都　鴨川納涼床」の変遷に関する研究、京都産業大学論
集、社会科学系列第35号、51-69。

20）　門脇禎二・朝尾直弘（2001）京の鴨川と橋、思文閣出版。

Ⅱ

別子銅山を歩く

高橋卓也

　16世紀末、豊臣秀吉の都市改造に沸く京都。聚楽第、武家屋敷、公家屋敷、町屋が次々と建ち並び、洛中を取り囲むお土居が築かれる。ちょうどそのころ、本書の第Ⅰ部でも紹介された鴨川・五条大橋に程近い寺町松原下ル西側の仕事場で、銅職人・蘇我理右衛門は、真っ赤な炭火で灼熱にたぎる液体金属を見つめていた。このうち鉛の成分は、下に敷かれた灰の中に吸い込まれるはず。これまで何度も失敗を重ねたこの作業…。待つことどのくらいであっただろう。やがて、白銀色の金属が灰床の上に残るのをしかと確かめた。「南蛮吹き」―南蛮人から伝え聞いた、鉛を使って粗銅から銀を分離する技術―その実用化に成功した瞬間である。

　当時の日本は、銀が残留したままの銅を海外に輸出し、実質的にその分の利益を海外商人に奪われていた。銀を粗銅から分離することによって、有利な販売が可能となる。理右衛門の長男であり、理右衛門の義弟・住友政友の養子として後を継いだ住友友以は、この南蛮吹きの技術を手に大坂に移住し、銅の精錬（銅吹き）事業を拡大することとなる。彼らの子孫の運命が、遠く離れた四国の山中、別子の地下と結びついていることは、まだ誰も知らない。

　現在、JR四国・予讃線に乗って愛媛県の新居浜駅に降り立つと、北には瀬戸内海が広がり、南側には四国山地の山並みがそそり立つ。車で向かう場合は、高速・松山自動車道を新居浜インターチェンジで降りる。東西に延びる松山道の車中からは、南の方向に山々が延々と東西に連なる様子が見える

だろう。ここには、「中央構造線」と呼ばれる、遠く関東平野・霞ヶ浦から南アルプス、和歌山を経て、四国、九州・八代へとつながる大規模な断層が走っている。この断層が四国山地の北端をなし、山地から流れ出す川が形成した扇状地、平野、そして瀬戸内海へと続く。

　このような地形は、四国山地の別子に巨万の富の源となる銅鉱石をもたらした地球の壮大な動きの名残りである。地球の変動は、同時にまた鉱石中の硫黄分をもたらし、後世には、周囲の田畑や山林に被害を及ぼすこととなった。別子銅山283年の歴史は、住友財閥の勃興、日本の工業化、さらには公害とその克服の歴史でもある。その跡を歩いてみよう（図1）。

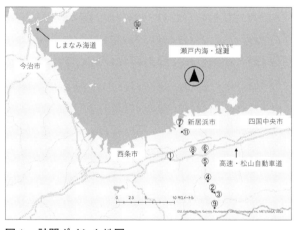

①愛媛県総合科学博物館
②大露頭
③歓喜坑
④東平
⑤端出場
　マイントピア別子
⑥山根
　別子銅山記念館
　大山積神社
⑦新居浜・惣開
⑧旧広瀬邸
　（広瀬歴史記念館）
⑨住友の森
　フォレスターハウス
⑩四阪島
⑪日暮別邸記念館

図1　訪問ポイント地図
（※本稿中の図で特に出典の記載のないものは筆者作成／撮影）

1．中生代の海底から

　恐竜が地上を歩き、あるいは海中を泳いでいた、今から約1億5千万年前の中生代に話はさかのぼる（野崎2020）。そのころの海と陸の姿は、大陸が移動した後の現在の地球とは大きく異なっていた。海底では、中央海嶺でプ

レートが生まれて移動している。現在でも、海底面の立体図などを見ると、大洋の中央付近にしわの寄った長大な筋があるのが分かる。そこでは、金属や硫黄を含む熱水が噴出していたと考えられており、熱水に含まれていた銅や鉄が硫化物となって蓄積し、その後、海中の放散虫等も堆積して海底に広がっていた。

　時を経て、当時の海底を乗せたプレートは移動し、ユーラシア大陸に衝突した。海側のプレートは、ユーラシアプレートの下に潜り込んでいく。地球の巨大なエネルギーによるこれらの動きは、年間数 cm ほどの速度でゆっくりと進む。銅を含んだ海底の岩石は、ユーラシアプレートの下に潜り込む過程で剥がされ、比重によってユーラシアプレート縁部の地中を上昇しつつ、地下深部の圧力と熱による再結晶化などの変成作用を受けて片岩となった。

　この中生代の海底の銅と鉄を含む岩石が、別子独特の銅鉱石となっている。別子の銅鉱床はいくつかに分かれているが、江戸時代から採掘された本山鉱床は、新居浜から見える法皇山脈に斜めに突き刺さった板のような形をしている（図2）。「鉱床を1.2m×2.5m の板に例えると、厚さは3mm 前後となり、ベニヤ板くらいの感じ」（住友金属鉱山株式会社1991、別巻 p.202）とイ

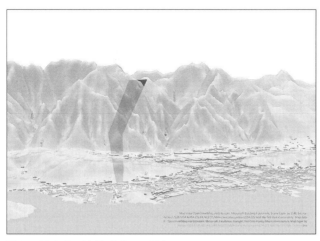

図2　鉱床の3次元「イメージ」

メージできる（実際の鉱床の厚さは数十cm〜数m）。このような鉱床をドイツ語由来でキースラーガー型と呼ぶ（「キース」は黄鉄鉱、「ラーガー」は鉱脈の意）。鉄分が相当に含まれている銅鉱床である。また、別子の鉱床の形が特徴的であるため、Besshi型と呼ばれることもある。

　古代の海底の熱水に含まれていた銅や鉄と硫黄とが固く結び付いて鉱物となり、プレートの変動を経て、人類にも手の届く陸地の地下へと移動してきた。この鉱石から硫黄を分離しようとした時、かつての技術水準では、毒性のある亜硫酸ガスの発生が避けられなかった。

　愛媛県の地質や自然についての理解を深めるには、新居浜市にある愛媛県総合科学博物館（図1＝①）を訪れるのもよいだろう。鉱物や別子銅山についての展示も見られる。

2．江戸・元禄時代の鉱床発見と採掘、銅吹き

　新居浜市の南部に位置する法皇山脈を東平（図1＝④）から南方向に登るか、あるいは山脈の南を流れる銅山川（吉野川の支流）側の旧別子登り口から北上するか、いずれも徒歩で「銅山越」峠を目指そう。（ただし、標高は1,200mを超えるので、しっかりと山支度をしてほしい。）この峠の近くに、「大露頭」（図3）という比較的純度の高い銅鉱石が頭をのぞかせているところがある（図1＝②）。赤茶けた幅数mの巨岩である。山地に斜めに突き刺さった鉱床の上の端が見えている。峠から少し下りたところには、「歓喜坑」（図4）と「歓東坑」という坑道が残っている（図1＝③）。歓喜坑は、元禄3（1690）年に住友の支配人・田向重右衛門一行が鉱床の発見を喜んだ場であるとの伝説が残る。丸太を組み合わせて造った坑口（2001年に復元修理されたもの）には、山の神である大山積神などの神仏が祀られている。歓喜坑は、おおむね立ったまま入れるほどの広さだが、末端部では、縦90cm×横60cmくらいの極めて狭いところを掘り進んでいたようだ。大露頭のすぐ近くに「大和間符」という往時の坑道跡がある。「間符」とは坑道を示す語だが、不思議な響きがある。

　住友に勤めていた俳人・山口誓子は、昭和32（1957）年に次の句を詠んで

図3　大露頭

図4　歓喜坑

いる。

　　大露頭　赭くてそこは　雪積まず

　山口自身、次のように解説している。「山頂一面の積雪の中に唯一ケ所雪

の積まない処を発見した感動を詠んだ句である。270年間連綿として今なお尽きぬ別子銅山の生命力を象徴するもの、営々と繁栄する住友事業の今日をなした根拠は、この雪の積もらぬ大露頭である。自然の雪も銅山峰の奥深くこんこんと尽きることのない神秘的な精気の前に、自ずからとけるのではないだろうか。」（坪井2022）

　元禄4（1691）年、採掘が開始された。銅山越の南側の山地で、銅の精錬（銅吹き）の初期段階を行い、純度90％の粗銅まで加工する。半加工品である粗銅を浜まで運んでから大坂の住友本店まで送り、そこで純度を上げた。幕藩時代らしい制約もあった。本来、銅山越から新居浜に運ぶのが最短経路なのだが、新居浜は西条藩の領地であったため、いったん銅山川に沿って東に下ってから山越えをし、川之江（現在の四国中央市）から大坂に向けて船積みをした（後に新居浜からの船積みとなる）。船積みまでは、「仲持ち」と呼ばれた運搬員が人力で運んだ。男性で約45kg、女性で約30kgを運んだという。そうして大坂で精錬された銅は、長崎から幕府の手を通じて輸出された。

　銅は、江戸期の日本の主要な輸出品であった。当時の日本は、「黄金」ではなく「銅」の国ジパングであった。一方、輸入するのは生糸などであり、明治期には日本の主要輸出品となる生糸は、当時は輸入に頼らなくてはならなかった。

　とすれば、ここ別子の銅鉱石は、元禄期においては、江戸や京や大坂の贅を尽くした着物へと姿を変えていたともいえるだろう。一方で、輸出された銅は、清や東南アジアの銅銭に姿を変えて、大清帝国と東南アジア地域の繁栄を幾分かは支えていたことになる。

　別子の銅鉱石は、おおよそ1割弱の銅、4割の鉄、4割の硫黄を含んでいた。ここから鉄や硫黄を引き離すためには、熱エネルギーを要する。江戸時代には、燃料は森林から得るほかはなかった。実際、住友は、幕府から鉱山備林として周囲の森林を利用する許可を得ている。

　当時の森林利用のインパクトは、どれくらいの大きさだったかを考えてみ

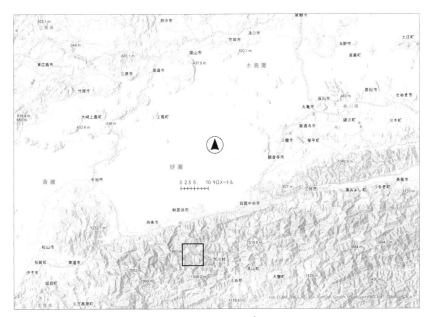

図5　江戸期の別子銅山による森林へのフットプリント

よう。精銅1に対して炭が3必要だったとする。江戸期の間、精銅の生産量は年間約400トンだったと考えられる。（ちなみに、奈良の大仏は、創建当時の銅の使用量が約500トンとされるから、江戸時代の別子では、ほぼ毎年、大仏1基分弱の銅を生産していたことになる。）400トン×3（炭の必要量）÷10％（炭の収率）＝12,000トンである。木材の年間収穫量を勘案して計算すると、銅山の運営を継続していくために6,000ヘクタールの森林が必要だったことになる[1]。これを単純に同面積の1辺約7.7kmの正方形として地図上に落とし込んでみた（図5）。いわば、江戸期の別子銅山による森林への「フットプリント（足跡＝踏みつぶし面積）」である。これは相当な広さだったといえる。なお、この計算には、間符（坑道）の壁を支える坑木や、作業場、事務所、住居のための建材・燃材などは含まれていない。

「遠町深鋪」という言葉がある。当時の鉱山が抱えていた、人に例えるなら「成人病」のようなものである。鉱山の開発が進むにつれ、燃料・坑木用

の木材を遠くから運んでこなくてはならなくなり（これが「遠町」）、坑道を深く掘り下げていかなくてはならなくなる（これが「深鋪」）。深鋪では、地下水が噴出して排水が追い付かなくなるという問題もあった。このような事情によって、江戸時代の鉱山では（別子も含めて）、生産は停滞気味であった。ちなみに、天保8（1837）年の別子銅山の労働者3,348人のうち、13％が採掘、17％が炭焼きなどの燃料供給、15％が排水を担当しており、燃料供給と排水がいかに大事であったかが分かる。

　薪炭の燃焼によって鉱石から分離された硫黄は、大気中の酸素と結び付き、亜硫酸ガスとなって飛散した。

　少し話がそれるが、江戸時代後期に大田南畝（「南畝」は号、別号「蜀山人」）という著名な狂歌師がいた[2]。大田は幕臣でもあり、50代の初めに大坂の銅座で幕府の銅統制に関わっていた時期がある。銅は別名を「蜀山居士」といい、大田の別号「蜀山人」は、それに由来するものらしい。

　大田が中表紙に揮毫した『鼓銅図録』では、当時の製銅の様子が図解されている。（ちなみに、この図録は、いわば住友銅吹所の宣伝用パンフレットとして、幕府の高官や海外からの訪問客に進呈されることもあった。）鉱石を蒸し焼

図6　『鼓銅図録』焼鉱（右）と鈹取り（左）
（国立公文書館デジタルアーカイブより）

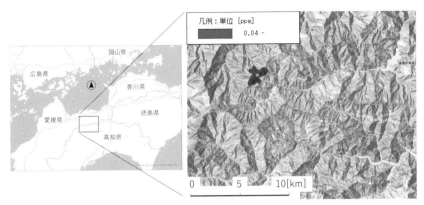

図7　江戸期の別子銅山による大気汚染状況推定

きにして硫黄分を減らした（「焼鉱」、図6＝右）後、鉄と分離するため、さらに木炭で熱して熔解させる「鈹取り」（図6＝左）という工程があるが、その図では、職人が顔を布らしきもので覆っている。窯や炉からの熱と亜硫酸ガスは耐えがたいものであったと推測される。（その後の工程では、顔を覆っていない人も見られる。）

　江戸期の銅鉱石の処理量は、明治以降の近代化に伴って増大した処理量と比べると少ないが、別子の山中では、どの程度の亜硫酸ガス濃度になったのだろうか。METI-LIS（経済産業省 – 低煙源工場拡散モデル）というシミュレーション・ソフトを使って、どの程度の濃度であったかを推測してみた[3]。このソフトによって、山中の標高差を考慮した汚染物質の拡散状況を簡便に想定することができる。

　まずは、亜硫酸ガスの排出量を推定しよう。前述のように、精銅の生産量は年間約400トンだったと考えると、400トン×35.4％（硫黄の割合）÷10.63％（銅の割合）×64（亜硫酸ガスの分子量）÷32（硫黄の原子量）＝2,664トンとなる。これだけの亜硫酸ガスが別子の歓喜坑付近から放出されたと想定した。図7では、現代日本での亜硫酸ガス環境規制値である年平均0.04ppm の範囲を塗りつぶしている。歓喜坑付近の約2〜3km 四方で規制値を超えていることが分かり、被害が山中にとどまっていたことが推測できる。

　江戸末期から明治の初期にわたって別子銅山の経営を担った広瀬宰平〔文政11（1828）年〜大正3（1914）年〕は、近江に生まれ、数え年11歳のころから別子銅山で働いた。彼は、別子の地で、叔父である京都の儒学者・北脇淡水の通信教育によって漢詩を作ることを覚え、故郷・近江で最も長い野洲川を偲んで「保水」と号した。広瀬は、明治5（1872）年出版の個人漢詩集『錬石余響』の中で、江戸後期から明治初期の別子銅山の様子を次のように描写している。「銅山不毛。目に寸艸を見ず。（銅山は不毛である。目に入る草は一切ない。）」また、「唯だ銅山瘴烟上る有り。天を衝き臭気吾が詩に似たり。（銅山からは有毒の煙が上がる。天に上り、その臭さは私の詩のようである。）」と、謙遜を交えて記している（図8、図9）。

　水の汚染も発生していた。前述のように、銅山の運営は、取りも直さず、坑内に湧き出す鉱水の排水事業でもあった。銅山越の南側を流れる銅山川から吉野川に金属分を含んだ汚染水を流す計画に対し、下流の農民から抗議があったとの記録が残っている。また、北に流れて瀬戸内海に注ぐ国領川の汚染に伴い、年貢が減免されたとの記録もある。

　明治も半ばを過ぎるころまで、銅の採掘と加工の場は、「旧別子」と呼ばれる銅山越の南側にある谷であった。明治期には禿げ山であったこの谷は、現在、森林に戻っており、そここことに江戸から明治までの銅採掘・加工場の跡が残る。歓喜坑の近くには焼鉱窯の跡（図10）があり、山の斜面に1m×3mほどの石積みが残っている。ここに鉱石と薪を積み上げて蒸し焼きにし、硫黄を亜硫酸ガスにして飛散させた。その他にも、かつての窯や施設の跡が植林地の中に埋もれているが、住友グループによって設置された案内板があり、昔の写真や絵によって往時を偲ぶことができる。

　別子銅山、そして明治の住友の名経営者と讃えられる伊庭貞剛〔弘化4（1847）年〜大正15（1926）年〕が嘆いたこの禿げ山は、やがて山上の鉱山町に牙をむくこととなる。明治32（1899）年8月28日午後、台風が接近、325ミリの雨が暴風を伴って降り注ぎ、午後8時20分から9時にかけて山津波が発生、513名が濁流にのみ込まれて死亡した。うち370名は社宅の中におり、土砂に埋まったり、銅山川に流されたりして命を失った。この大水害以降、採掘・加工の中心地は、銅山越の北側へと移る。

図8　『錬石余響』より別子鉱山図
（国立国会図書館デジタルコレクションより）

図9　旧製錬吹処之図
（住友史料館所蔵）

図10　焼鉱窯の跡

3．明治の新居浜・山根製錬所

　明治初期に別子銅山の経営を担っていた前述の広瀬宰平は、生野銀山などの視察を経てフランス人鉱山技師ラロックを招き、別子銅山についての提案を求めた。ラロックは、明治7（1874）年3月から明治8（1875）年12月にかけて旧別子に滞在し、視察と測量を精力的に行い、多くの設計図を含む目論見書を提出した。その骨子は、輸送手段と採掘・製錬方法の近代化にあった。

　法皇山脈の上部で南北を結ぶトンネルもラロックの提案である。このトンネルは、総延長1,021mの「第一通洞」として明治19（1886）年に開通し、鉱石の輸送の便に寄与することとなった。広瀬はまた、明治22（1889）年に欧米諸国を歴遊して鉱山鉄道を視察。無類の実行力を発揮して、明治26（1893）年に「上部鉄道」、「下部鉄道」を竣工させる。こうした交通手段の整備によって輸送力が増強されると共に、選鉱・製錬の中心地は、旧別子から法皇山脈の北側、標高747mの東平（「東洋のマチュピチュ」）（図1＝④）、標高156mの端出場（図1＝⑤）、さらには山を下りて山根（図1＝⑥）、新居

浜・惣 開（図1＝⑦）へと移っていく。

　ラロックは、炭焼きの収率（木から炭がとれる割合）が10％と低いことを
嘆き、イタリアなどで行われていたヨーロッパ式の炭焼きをするように勧告
したが、この案は採用されなかった。当時のヨーロッパでは、収率は20％に
達していたようだ。ラロックの見立てでは、小規模な日本の炭焼き窯では熱
損失が大きく、また、湿った木の乾燥不足が問題であったようだ。もしラ
ロックの提案が実現していれば、イタリアの炭焼き職人（カルボナーラ）の
手になる巨大な炭焼き窯が日本に普及していたかもしれない。

　加えて、ラロックは、炭の原料となる木材の運搬に索道を使うことも提案
している。これまたもし実現していれば、別子の山々をケーブルが縫って
走っていたかもしれない。

　第一通洞の北端は、「マイントピア別子」（図1＝⑤）の東平ゾーン「東洋
のマチュピチュ」（図1＝④）から登ったところにあり、南端は、旧別子の
山中で見ることができる。鉱山鉄道の蒸気機関車は、山根の 生 子山のふも
とにある「大山積神社」（図1＝⑥）に展示されている。広瀬は、鉄道建設
への意気込みを次のように漢詩にしたためている。

　　他産業と相同じからず　　無尽蔵中赤銅を採る
　　問はんと欲す国家経済の事　　半天の鉄路一条通ず

　従来の人力と森林資源に頼った採鉱・運搬・製錬から、石炭という化石燃
料の利用へと転換し、輸送や排水にも蒸気機関を利用するなどして、飛躍的
に生産力を増強した別子銅山は、公害の先駆者でもあった。生産量の増大
は、銅鉱石から分離される硫黄の放出量の増大へとつながった。また、旧別
子の山中での製錬から人里近い山根や新居浜・惣開での製錬に転換したこと
によって、人々の生活への影響が増大することとなった（図11、図12）。

　間もなく農民からの訴えが起こった。製錬所からの煙が田畑を襲い、被害
をもたらすというのである。住友は当初、被害の存在自体を認めなかった。
広瀬から経営を引き継ぐことになる伊庭貞剛も、公式に被害を認めることは
なかった。

　広瀬が「力の人、策の人」と評されるのに対し、広瀬の後を引き継いだ伊

46

図11　煙害被害写真 1
（国立公文書館デジタルアーカイブより）

図12　煙害被害写真 2
（国立公文書館デジタルアーカイブより）

庭は、「心の人、徳の人」であったとされる。伊庭は、現在の滋賀県近江八幡市出身。元々は明治政府の司法官であったが、早々と退職した後、叔父である広瀬のスカウトで住友入りした。彼は、煙害問題を始め内部不和などの問題を抱えていた別子に大阪本店から乗り込み、自ら解決に取り組むこととなる。煙害問題の解決に取り組みながら、公式には被害を認めていなかった伊庭の真意は、どこにあったのだろうか。後で述べるが、一挙解決の名案が胸中にあったようだ。

　伊庭は、まず、煙害と伐採によって禿げ山となった別子の山への植林を進めた（図13）。彼が別子の支配人となった明治27（1894）年から32（1899）年までの5年間で、植栽本数は年10万本から100万本台へと激増している。「どうかして濫伐のあとを償ひ、別子全山をあをあをとした姿にして、之を大自然にかへさねばならない」と述べたという。日本の国土の800分の1、4.8万ヘクタールに及ぶ住友林業株式会社の社有林経営は、ここから始まった。

　現在、山根には「別子銅山記念館」（図1＝⑥）があり、鉱石や銅製品の現物、鉱山のトンネルの巨大なジオラマなどが展示され、江戸時代から閉山に至るまでの歴史がパネルで説明されている。記念館のすぐ横には、「大山積神社」（図1＝⑥）がある。生子山の頂には、高さ約20m のレンガ造りの

図13　植林がなされた現在の旧別子

煙突（図14）が今も立っており、煙突に煙を誘導するための煙道の跡も山肌に残っている。かつて銅の製錬所があったこの地は今、「えんとつ山」として新居浜市民に親しまれている。

　山根から数 km 西にある「旧広瀬邸」（広瀬歴史記念館）（図 1 ＝⑧）は、有料で一般に公開されている。2 階の部屋は「望煙楼」と名付けられ、その由来となった漢詩「望煙菅に風致を愛するのみならず　報いんと欲す、積年金石の恩」の掛け軸と共に、新居浜の街並みや瀬戸内海を眺めることができる。母屋の 2 階に洋式トイレがあるのも、明治の西洋化の時代らしい。イギリス・タイフォード社製の便器とのこと。旧広瀬邸の隣には、広瀬歴史記念館「展示館」があり、彼のエネルギッシュな人生を振り返ることができる。

　山根から国領川をさかのぼると「マイントピア別子」（図 1 ＝⑤）があ

図14　山根の煙突

る。ここは、明治後期以降に採掘・選鉱の中心地となった東平と端出場を観
光地として再生した施設である。お子さんも乗って楽しめるようなトロッコ
列車（図15）があり、削岩体験、排水体験、砂金取り体験などもできる。食
事や入浴もできて、お土産も買える。様々なご当地名物が並ぶ中には、愛媛
県民のソウルスイーツの一つ、別子飴もある。赤・青・黄・緑・橙のカラフ
ルかつレトロな包装の飴である。キースラーガー型の銅鉱石のかけらなども
販売されている。

　ところで、東平は標高747m、端出場は標高156mと、銅山越の約1,300m
と比べると低くなってきている。つまり、山に斜めに突き刺さった形の鉱床
を下へ下へと採掘を進めてきたということだ。別子銅山の南北を連絡するト
ンネルも、明治35（1902）年に「第三通洞」（表紙写真＝下）、大正4（1915）
年に「第四通洞」と、山の下部へと移動しつつ開通する。

　マイントピア別子から谷をさかのぼり、県道に沿って進むと銅山川流域に
入る。そこには「フォレスターハウス」（図1＝⑨）があり、別子銅山の植
林から住友林業株式会社へと続く森林管理の歴史や、現在の事業内容、未来
へのビジョンなどが紹介されている。周囲の森林公園には、住友家第17代当

図15　マイントピア別子のトロッコ列車

主である住友吉左衛門芳夫氏による「お手植え」のヒノキとブナの植樹木も
あり、江戸時代から続く旧財閥系企業の雰囲気を感じることもできる。

第16代の住友友成は、「泉幸吉」の雅号で知られるアララギ派の歌人でも
あった。彼の歌碑もここに建てられている。

移し植ゑし落葉松こゝに黄葉して　かく美はしき樹林と成りぬ

落葉松は、信州などを主な原産地とする落葉針葉樹である。厳しい気候に
耐えるということで、荒廃した別子の山に植えられたようだ。本稿の筆者
は、はるか彼方、ドイツ・ザクセン州ドレスデン近郊のターラントを訪れた
折に、鉱業によって荒廃した山地にカラマツが植えられているのを実見し、
洋の東西を問わない森林再生のドラマを見た思いがした。

4．四阪島への製錬所の移転

製錬所から出た煙による被害を公式には認めなかった伊庭貞剛だが、新居
浜から約20km沖合の瀬戸内海にある四阪島（図1＝⑩）の地所を、自分の
名義で密かに買収していた。はるかに離れた場所に製錬所を移転すること
で、一挙に問題の解決を図ろうとしたのだ（図16）。

四阪島は、天気がよければ、瀬戸内海沿いの眺望のよい場所から遠望する
ことができるが、観光客が上陸することはできない。そこで、四阪島から新

図16　住友別子鉱業所四阪島製錬所全景（1910年頃の撮影）
（ウィキペディア　パブリックドメイン）

居浜市内の山の上に移築された「日暮別邸記念館」（図1＝⑪）という、住
友家当主の旧別邸を訪ねてみよう（図17）。

　館内の展示でも紹介されているが、製錬所の四阪島への移転は、住友内で
簡単に受け入れられたわけではない。伊庭の叔父・広瀬宰平は、移転に反対
した。新居浜への投資が無駄になるし、インフラの整わない孤島での操業は
困難であるから、むしろ損害賠償で対処すべき―というのが理由である。最
終的には、第15代当主・住友友純の裁定により、移転が決定されることにな
る。

　実は、友純は、最後の元老・西園寺公望の弟である。第13代の住友友忠が
病死した後、伊庭貞剛らの計らいによって公家の徳大寺家から養子として迎
え入れられたのだ。友純の伝記・『住友春翠』（「春翠」は彼の雅号）に、明治
25（1892）年、友忠の妹・満壽と結婚式を挙げた際の記念写真が掲載されて
いる。若き貴公子・友純（数え年で28歳、以下同様）の後方に、いかにも気の
強そうな広瀬（65歳）と怜悧な眼差しの伊庭（45歳）が写っている。この数
年後に、製錬所の四阪島移転を巡って広瀬と伊庭が対立し、友純が裁定を下
すのだが、公家から鉱山主に転身しようとしていたこの時点では、そんなこ
とになるとは夢にも思わなかったのではないか。

図17　日暮別邸記念館の外観

　移転することが決定してからも、製造工程の中で技術的に亜硫酸ガスの排出を減らす試みが続き、移転の中止も検討された。しかし、明治35（1902）年の帝国議会で移転の遅延が問題視され、明治37（1904）年、製錬所は四阪島へと移転された。

　足尾銅山の鉱毒問題と闘った田中正造も讃えたこの決断だが、煙害問題の解決とはならず、かえって問題は拡大してしまった。それまで、新居浜の海沿いの惣開や山根からの煙が新居郡の周辺で問題となっていたのだが、四阪島への移転後は、四阪島から西・南・東の沿岸にある東予（愛媛県東部）4郡でも被害が発生することとなった。

　簡便に広範囲での大気汚染の拡散状況を調べることができるシミュレーション・ソフトADMER（産総研−曝露・リスク評価大気拡散モデル）を利用して、大正期の四阪島からの亜硫酸ガス飛散の様子（図20）を見てみたい。比較のため、江戸期の旧別子時代（図18）、明治期の新居浜時代（図19）の拡散具合も見てみよう[4]。それぞれの時期における汚染範囲を見ると、江戸期には一つのメッシュ（約5km四方）にとどまっていたのが、明治期には工場周辺の沿岸部11メッシュへと広がり、大正期には東予一帯に広がっていることが分かる。

　四阪島への移転問題と移転後の煙害の経緯については、現在は新居浜の街中の小山の上にたたずむ「日暮別邸記念館」（図1＝⑪）の展示でも紹介されている。かつては四阪島にあった住友友純の別邸は、移転の際にリノベーションもなされ、上品な洋館の雰囲気を楽しみながら、戦前の財閥の面影をうかがうことができる。一方、四阪島での従業員たちの生活については、亜硫酸ガスの飛散など、厳しい部分もあったようだ。

　日暮別邸の外に出て、少し坂を登ると展望台があり、かつて四阪島にあった巨大な煙突の円形の横断面が地面にかたどられている（図21）。天気のよい日に視線を沖に向ければ瀬戸内の海がきらめき、四阪島も遠望できるだろう。南側には、銅山から鉄道で運ばれてきた鉱石が到着する駅舎と選鉱場の跡が残っている。「星越駅」である。ロマンチックな名前に触発されてか、俳人の夏井いつき氏は、ここで次の句を詠んでいる。

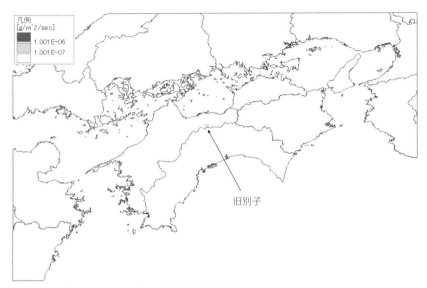

図18 江戸期の旧別子由来の大気汚染状況推定

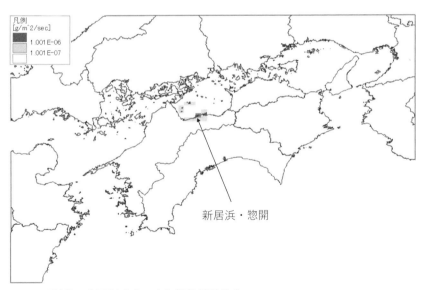

図19 明治期の新居浜由来の大気汚染状況推定

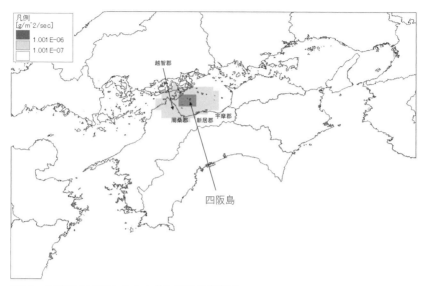

図20　大正期の四阪島由来の大気汚染状況推定

図21　四阪島大煙突のモニュメント

冬ざれの星越駅舎にて会はむ

ところで、伊庭貞剛は、明治32（1899）年、5年を超える別子での勤務を終え、大阪本店に戻っている。その際に詠んだのが次の句だ。（前述した別子山中の「フォレスターハウス」の森林公園にもこの句碑がある。）

五箇年のあと見返れば雪の山

明治維新の志士であり、明治政府の高官であった品川弥二郎は、この句の後に次のような下の句を付けている。

月と花とは人に譲りて

伊庭は、四阪島移転への道筋を付け、また、叔父・広瀬宰平を巡る人事面での紛糾（委細省略）も解決を見て、すっきりとした心境で本店のある大阪に戻ったことであろう。品川は、難局を解決して潔く後任者に道を譲る伊庭の行動を誉め讃えている。その後、伊庭は、数え年58歳で早々と引退し、滋賀県石山（現在の大津市田辺）で隠居生活を送る。「事業の進歩発達に最も害をなすものは、青年の過失ではなくて、老人の跋扈である」という言葉を残して。

5．尾道会議、煙害妥協会議、そして終息へ

別子鉱業所の新支配人（後には住友の総理事）として「月と花と」を譲られたはずの鈴木馬左也は、しかし、大きな苦悩をも引き継ぐこととなった。

明治37（1904）年、製錬所の四阪島への移転が完了してから、四阪島の西側にある越智郡で、麦の葉への被害が報告された。その後、さらに周桑郡、新居郡、宇摩郡へも被害が拡大し、明治39（1906）年には、関係町村長が協議会を開催した。これに対して住友側は試験地を設けたが、煙害があるともないとも、なかなか認めようとはしなかった。

明治41（1908）年8月22日、本店理事の中田錦吉と別子鉱業所支配人の久保無二雄が被害地を視察に訪れた。現地に集まった農民側の怒りはすさまじ

く、警察署長が警官に抜剣用意の命令を発するほどの事態となった。中田と久保は旅館に宿泊したが、雨の中、群衆に旅館を取り囲まれ、両人は変装して松山に脱出した。

　8月26日には野外で農民集会が開かれ、関係町村長らを含む数千の農民が参集した。もし前向きな回答がなければ大挙して大阪に赴き、住友家当主・友純と直談判をすべしと決め、食料・飲料・薪・寝具を数十台の荷車に積んで新居浜の住友鉱業所に押し掛け、一夜を明かした。鉱業所は門に大きなかんぬきを掛け、守衛は手に樫の木の棒を持つなどしていたため、農民側は、自分たちを暴徒扱いしているとして激怒した。

　交渉の結果、支配人の久保は、鉱業所前の広場に有り合わせのトロッコを置いて上に立ち、群衆に向かって被害の存在を認めた上で、程度についての調査を進めさせてほしいとの希望を述べた。農民側は賠償を要求したが、結局、大阪の重役会議で結論を出すとの回答に妥協して解散した。これを農民たちは「新居浜の籠城」といったとか。

　その後、明治42（1909）年、広島県尾道において農民側と住友側とで協議を行ったが物別れに終わり、舞台は東京に移る。

　明治43（1910）年10月24日午後6時、東京市麹町富士見町の農商務大臣官邸にて、東予4郡・農民代表者10名とそれぞれの郡長、愛媛県の井沢知事、住友側の鈴木馬左也と久保無二雄は、大浦兼武農商務相に招待されて夕食会に出席した。山林局、鉱山局の幹部、秘書官らも同席し、大浦大臣は、同月の愛媛県への出張の際の礼を述べ、農民側と鉱山側とが自主的に合意に達することを求めた。

　翌25日午前9時30分より、井沢知事を座長として交渉が開始された。延べ10日間の協議が行われた後、11月9日、製錬量の上限など、合意できない項目については大臣・知事の裁定に任せて、ようやく協定が成立した。

　この協定によって、住友から4郡の農民に対し、農作物と森林への被害賠償として、明治41（1908）年1月1日（森林については明治40（1907）年1月1日）から明治43（1910）年12月31日分として23万9千円、明治44（1911）年以降は毎年7万7千円を支払うこととなり、それまでの被害に対しては10万円を支払うこととなった。また、製錬量の上限として5千5百万貫（約20

万トン）を設定し、さらに、米や麦の生育に重要な40日間については、1日の製錬量を10万貫（375トン）に制限した。

　その後、大正2（1913）年の「第2回」から昭和14（1939）年の「第11回」までの会議が2～3年ごとに県庁所在地の松山で開催され、協定の更新が行われた。

　議事録を見ると、農民側は、亜硫酸ガスさえ出なければよいのだと主張、工場の工程についても微に入り細に入り質問している。結局、煙害問題の解決には、技術革新を待たなくてはならなかった。昭和4（1929）年、ドイツ由来のペテルゼン式硫酸工場を建設し、硫黄を回収して肥料を製造。さらに、昭和14（1939）年、中和工場によって亜硫酸ガスの排出をゼロとした。

　問題の終結時に住友・別子の責任者であった三村起一は、日本経済新聞「私の履歴書」で、農民側は、被害が減少しているにもかかわらず、住友側に対して賠償のほかにも思想善導や風致維持の名目で寄付金を強制していたと不満を述べている。今となってはハッピーエンドのこの物語も、おそらくは双方にほろ苦い思いはあったであろう。

6．現代人は別子銅山をどう見るか

　別子銅山は、昭和48（1973）年、海抜マイナス1,000mほどの深さまで採掘したところで、その歴史を終えて閉山した。安全面の理由もあろうが、当然、費用面で採算が合わなくなったのである。現在、住友金属鉱山株式会社は、海外で大量の鉱石を買い集めて製錬している。2021年度の銅の生産量は約20万トンであり、明治末の年間約5千トンの40倍である。

　住友グループ広報委員会のウェブサイトでは、別子の歴史についての記事や動画を公開している。動画シリーズ「現代に息づく住友の精神」第4回「電気の時代の到来と環境への眼差し」の中で、住友史料館の研究顧問・末岡照啓氏は、明治43（1910）年の地元農民との契約で生産制限を受け入れたこと、生産制限の撤廃という目標に向かって亜硫酸ガスをなくす努力をし、その結果として得た硫酸で肥料を製造する産業を起こしたこと、植林から緑化事業を起こしたことなどを高く評価している。同氏はまた、同じシリーズ

の第6回「近代化産業遺産が語りかけるもの」の中で、先人たちの負の遺産の現場に実際に足を運んで教訓を受け継ぐことの大切さを語っている。

愛媛県立新居浜南高等学校ユネスコ部が制作した『別子銅山 近代化遺産八十八か所 ふれあい めぐりあい ガイドブック～マインからマインドへ～』では、環境問題はどのように扱われているだろうか。63番目の訪問場所として、山根の別子銅山記念館（図1＝⑥）にある「四阪島大煙突モニュメント」（日暮別邸記念館の展望台にあるモニュメントとモデルは同じ）が紹介されているが、そこでは、鈴木馬左也の「（煙の）除外方法が発明されれば、たとえ煙害に対する損害を弁償する額以上であっても、これを支出して施設する覚悟である」という言葉を引用し、「四阪島は、世界で初めて煙害を克服した島です」と高く評価している。（ちなみに、この「ユネスコ部」によるガイドブックは、インターネット上でも入手でき、多くのスポットについて易しく解説されているので、別子巡りにぜひお薦めしたい。）

CSR、SDGsを誰もが口にするようになった今、どちらかといえば「一件落着」の耳あたりのよい話ばかりが多く語られているようにも思える。しかし、本当は、農民の訴えはもちろん、企業担当者や経営者の苦闘、行政官や政治家の姿勢といった生々しい部分も、きちんと語り継がれていくべきなのだろう。そうでないと、本物の教訓にはならないのではないだろうか。

～～～～～～～～～～～～～～～～～～～～～～～～～～～～～～～～～

ところで、石器時代、青銅器時代、鉄器時代というように、特徴的に使用する物質によって時代を分けることがあるが、現代は何時代にあたるのだろうか。量的な膨大さからは、いまだ鉄器時代といえるのかもしれない。一方、私たちがこれからも電気を使い続けていくとすると、銅の重要性がさらに増していきそうである。近年、急速に拡大しつつある再生可能エネルギーによる電気の生産・運搬・消費にも銅が必要なことは、風力発電→送電線→電気自動車などを思い浮かべてみても明らかだろう。銅価格の高騰を反映してか、本稿執筆の2024年現在、太陽光発電施設などの銅線ケーブルが盗まれたというニュースをよく耳にする。神社の屋根の銅板が盗まれる被害なども相次いでいるという。

　今後、私たちは、海底にも目を向けなくてはならないかもしれない。すでに、独立行政法人エネルギー・金属鉱物資源機構では、海洋鉱物資源の可能性を検討している。陸地に現れた銅鉱床のみでは、人類は満足できなくなるのだろうか。その時、懸念されるのが海洋汚染である。海底で採掘・回収する際には、海水中に重金属が溶出して汚染が発生する可能性が懸念され、研究が進んでいる（国立環境研究所2019）。また、そもそも、たとえ日本の鉱山ではほとんど採掘していないとしても、私たちの現在の暮らしが海外の鉱山に頼っているのも事実である。そういう意味で、別子の煙害・公害は、単に過去の問題として済まされるものではない。

　別子を歩いて、緑を取り戻した鉱山と大気と水とが織りなす、元禄から令和までの330有余年と、これから先の未来に思いをはせてみてはいかがだろうか。

注

１）　簡便化のため、１トン＝1m³と考えると、12,000m³の木材が必要となる。本多静六原著『森林家必携（改訂新版　通版72版）』の「内地雑木収穫表」によると、１年あたりの収穫量を最大とするのは、林齢34年で伐採した時であり、１ヘクタールあたり約4m³である。ただし、標高が高くて傾斜がきついところもあることから、成長量が小さく、接近できない場所も多かったと考えて、１ヘクタールあたり毎年2m³を永続的に収穫できるとすると、6,000ヘクタールの森林が必要となる（6,000ha×2m³/ha=12,000m³）。

２）　「世の中は　色と酒とが　敵なり　どふぞ敵に　めぐりあいたい」、「世の中に　たえて女の　なかりせば　をとこの心は　のどけからまし」、「世の中に　蚊（か）ほどうるさき　ものはなし　ぶんぶ（文武）といひて　夜もねられず」（寛政の改革への風刺）などの狂歌は、大田の作とされている（ただし、最後に挙げた一首について当人は否定）。

３）　本計算には、経済産業省で開発された METI-LIS プログラムを使用した。

４）　本計算には、国立研究開発法人産業技術総合研究所で開発された AIST-ADMER ver.3.5を使用した。江戸期は2,664トン、明治期は26,550トン、大正期は119,600トンの亜硫酸ガスの排出があったとした。$1×10^{-6}$、$1×10^{-7}g/m^2/$秒以上の沈着量があるメッシュにそれぞれ濃い色と薄い色を塗った。

参考文献

一色耕平 編（1926）愛媛県東予煙害史、周桑郡煙害調査会。国立国会図書館デジタルコレクション https://dl.ndl.go.jp/pid/978615。（参照2024-02-11）

愛媛県立新居浜南高等学校ユネスコ部（2021）別子銅山 近代化遺産 八十八か所 ふれあい めぐりあい ガイドブック〜マインからマインドへ〜【第4刷】。〈https://www.besshi.net/Guidebook/〉。（参照2024-2-20）

旧広瀬邸文化財調査委員会（2002）別子銅山の近代化を見守った広瀬邸—旧広瀬邸建造物調査報告書—、新居浜市教育委員会。

国立環境研究所（2019）環境儀 No.72 うみの見張り番 植物プランクトンを使った海洋開発現場の水質監視、国立環境研究所。

末岡照啓（2000）十九世紀末、別子鉱山の環境対策に挑んだ伊庭貞剛—四阪島への製錬所移転をめぐって、住友史料館報（31）、69-105。

菅井益郎（1979）別子銅山煙害事件（上）、郷土史談（新居浜郷土史談会［編]）5（4）通巻45号、2-22。

菅井益郎（1979）別子銅山煙害事件（下）、郷土史談（新居浜郷土史談会［編]）5（5）通巻46号、11-32。

鈴木馬左也翁伝記編纂会 編（1961）鈴木馬左也 本編、鈴木馬左也翁伝記編纂会、国立国会図書館デジタルコレクション。〈https://dl.ndl.go.jp/pid/2975137〉。（参照2024-01-27）

住友金属鉱山株式会社 住友別子鉱山史編集委員会（1991）住友別子鉱山史（上・下・別巻）。住友金属鉱山株式会社。

住友グループ広報委員会（2024）別子銅山 近代化産業遺産。〈https://www.sumitomo.gr.jp/history/besshidouzan/〉。（参照2024-2-20）

住友グループ広報委員会（2024）住友の故郷を訪ねる旅 現代に息づく住友精神。〈https://www.sumitomo.gr.jp/history/philosophy/〉。（参照2024-2-28）

『住友春翠』編纂委員会 編（1955）住友春翠 本編、住友春翠編纂委員会。国立国会図書館デジタルコレクション。〈https://dl.ndl.go.jp/pid/2975135〉。（参照2024-02-20）

住友林業株式会社 社史編纂委員会（1999）住友林業社史（上・下・別巻）、住友林業株式会社。

坪井利一郎（2022）「大露頭 赭くてそこは 雪積まず」。講座「別子鉱山を読む」令和4年6月5日資料。〈https://lib.city.niihama.lg.jp/besshi-douzan/kouza/

r4/〉。（参照2024-02-20）

独立行政法人 エネルギー・金属鉱物資源機構（2024）海洋鉱物資源の概要。〈https://www.jogmec.go.jp/metal/metal_10_000002.html〉。（参照2024-2-18）

夏井いつき・渡部ひとみ（2002）森になった街 写真と俳句でつづる別子銅山、新居浜市観光協会。

新居浜市（2018）―別子銅山と近代化遺産―未来への鉱脈　第6版（改訂版）、新居浜市。

西川正治郎（1974）幽翁（復刻版）、別子銅山記念出版委員会。

野崎達生（分担執筆）（2020）鉱床と地球史。所収「地球科学入門」―地球の観察 地質・地形・地球史を読み解く―、平朝彦・海洋研究開発機構（編）、講談社、280。

馬場孝三（2022）別子銅山の森―銅山に付属した森林の荒廃と再生―、鳥影社。

広瀬宰平（1982）半生物語、住友修史室。

広瀬満忠（1872）錬石余響、保水書屋。国立国会図書館デジタルコレクション〈https://dl.ndl.go.jp/pid/894658〉。（参照2024-02-11）

広瀬満正（1926）宰平遺績、広瀬満正。国立国会図書館デジタルコレクション〈https://dl.ndl.go.jp/pid/1020287〉。（参照2024-01-28）

米丸忠太郎（1930）四阪島製錬所煙害問題の経過と煙害地に処する農耕に就いて、四阪島煙害除害期成同盟会。国立国会図書館デジタルコレクション〈https://dl.ndl.go.jp/pid/1177005〉。（参照2024-02-12）

ルイ・ラロック（2004-2005）別子鉱山目論見書、第1部・第2部、住友史料館。

62

【執筆者紹介】

鈴木 康久（すずき みちひさ）

　出　身：京都府舞鶴市
　生　年：1960年
　学　歴：1985年愛媛大学農学研究科大学院修了（博士（農学））
　勤務先：京都産業大学現代社会学部教授、カッパ研究会世話人
　業　績：鈴木康久著『水が語る 京のくらし』（白川書院、2010）
　　　　　西野由紀・鈴木康久編『京都・鴨川探訪』（人文書院、2011）
　　　　　鈴木康久・肉戸裕行著『京都の山と川』（中央公論新社、2022）

大滝 裕一（おおたき ゆういち）

　出　身：京都府舞鶴市
　生　年：1959年
　学　歴：1983年金沢大学大学院工学研究科修了
　勤務先：㈱東京建設コンサルタント関西本社京都事務所専任技師長（技術士）
　　　　　カッパ研究会世話人、NPO 京都まちづくり技術研究会理事
　業　績：鈴木康久・大滝裕一・平野圭祐編『もっと知りたい！水の都京都』（人
　　　　　文書院、2003）
　　　　　分担執筆 西野由紀・鈴木康久編『京都・鴨川探訪』（人文書院、2011）
　　　　　分担執筆 鈴木康久編『淀川水系河川絵図集成』（カッパ研究会企画、近
　　　　　畿地域づくり研究所、2022）

高橋 卓也（たかはし たくや）

　出　身：愛媛県伊予市
　生　年：1965年
　学　歴：1987年京都大学農学部林学科卒業　2001年ブリティッシュ・コロンビア
　　　　　大学大学院（カナダ）資源管理・環境学博士課程修了（Ph.D.）
　勤務先：滋賀県立大学環境科学部環境政策・計画学科教授
　業　績：Sugita, M., Takahashi, T. Influence of corporate culture on environ-
　　　　　mental management performance: An empirical study of Japanese
　　　　　firms. Corporate Social Responsibility and Environmental Manage-
　　　　　ment 22(3), 182-192.（2015）
　　　　　高橋卓也・内田由紀子・石橋弘之・奥田昇「森林に関わる主観的幸福度
　　　　　に影響を及ぼす要因の実証的検討：滋賀県野洲川上流域を対象として」
　　　　　日本森林学会誌103(2), 122-133.（2021）
　　　　　Takahashi, T., de Jong, W., Kakizawa, H., Kawase, M., Matsushita, K.,
　　　　　Sato, N., Takayanagi, A. New frontiers in Japanese forest policy: Ad-
　　　　　dressing ecosystem disservices in the 21st century. Ambio 50, 2272-
　　　　　2285.（2021）

水資源・環境学会『環境問題の現場を歩く』シリーズ ❺

京都・鴨川と別子銅山を歩く

2024年7月25日　初　版第1刷発行

著　者	鈴　木	康	久	一
	大　滝	裕		
	高　橋	卓	也	
発行者	阿　部	成	一	

169-0051　東京都新宿区西早稲田1-9-38

発行所　株式会社　成　文　堂

電話 03(3203)9201(代) Fax 03(3203)9206
http://www.seibundoh.co.jp

製版・印刷・製本　藤原印刷　　　　　　　　　検印省略

ISBN978-4-7923-3442-0　C3031
定価（本体1000円＋税）

刊行にあたって

　水資源・環境学会は学会創立40周年を記念して、ブックレット『環境問題の現場を歩く』シリーズの刊行を開始することにしました。学会創設以来、一貫して水問題、環境問題を中心とした研究に取り組んでまいりました。水資源・環境学会の使命は「深化を続ける水と環境の問題を学際的な視点から考察し、研究者はもちろん、実務家、市民のみなさんなど幅広い担い手の参加を得て、その解決策を探る」と謳っています。

　水と環境の問題を発見するためには、問題が起こっている現場で何が問われているかを真摯な態度で聞くことが出発です。「現場」のとらえ方は、そこに住む人、訪れる人によって様々です。「百人百様」という言葉がありますが、本シリーズは、それぞれの著者の視点で書かれたものであり、皆さんは、きっと異なった思いや、斬新な問題提起があると思います。

　本シリーズをきっかけに「学際的な研究交流の場」の原点である現地を歩くことにより、瑞々しい研究意欲を奮い立たせていただければと願います。

水資源・環境学会

ISBN978-4-7923-3442-0

C3031 ¥1000E

定価（本体1000円＋税）

注文

書店CD：187280　25

コメント：3031

注文日付：241211

注文No：117957

ISBN：9784792334420

11　　1／1　　ココからはがして下さい